Audi-Dissertationsreihe, Band 48

AF514062

TECHNISCHE UNIVERSITÄT MÜNCHEN

Lehrstuhl für Ergonomie

Assistenzsystem zur Optimierung des Sitzkomforts im Fahrzeug

Stephan Lorenz

Vollständiger Abdruck der von der Fakultät für Maschinenwesen der Technischen Universität München zur Erlangung des akademischen Grades eines Doktor-Ingenieurs (Dr.-Ing.) genehmigten Dissertation.

Vorsitzender: Univ.-Prof. Dr. phil. Klaus Bengler

Prüfer der Dissertation:

1. Univ.-Prof. i.R. Dr. rer. nat. Heiner Bubb
2. Univ.-Prof. Dr.-Ing. Markus Lienkamp

Die Dissertation wurde am 30.03.2011 bei der Technischen Universität München eingereicht und durch die Fakultät für Maschinenwesen am 05.07.2011 angenommen.

Bibliografische Information der Deutschen Nationalbibliothek
Die Deutsche Nationalbibliothek verzeichnet diese Publikation in der Deutschen Nationalbibliografie; detaillierte bibliografische Daten sind im Internet über http://dnb.d-nb.de abrufbar.

1. Aufl. - Göttingen : Cuvillier, 2011
Zugl.: (TU) München, Univ., Diss., 2011

978-3-86955-894-3

© CUVILLIER VERLAG, Göttingen 2011
Nonnenstieg 8, 37075 Göttingen
Telefon: 0551-54724-0
Telefax: 0551-54724-21
www.cuvillier.de

Alle Rechte vorbehalten. Ohne ausdrückliche Genehmigung des Verlages ist es nicht gestattet, das Buch oder Teile daraus auf fotomechanischem Weg (Fotokopie, Mikrokopie) zu vervielfältigen.
1. Auflage, 2011
Gedruckt auf säurefreiem Papier

978-3-86955-894-3

Danksagung

Die vorliegende Arbeit entstand in meiner Forschungstätigkeit am Lehrstuhl für Ergonomie der Technischen Universität München und bei der Audi AG. An erster Stelle möchte ich mich bei Herrn Prof. i.R. Heiner Bubb für die wertvollen Anregungen und die interessanten Diskussionen bedanken. Bei Herrn Prof. Klaus Bengler bedanke ich mich für die große Freiheit bei der Bearbeitung des Projektes. Mein Dank gilt außerdem Herrn Prof. Markus Lienkamp für die Übernahme der Zweitprüfung.

Außerdem danke ich meinen Kollegen am Lehrstuhl für Ergonomie für die angenehme Atmosphäre und die interessanten fachlichen Gespräche. Mein Dank gilt der tatkräftigen Unterstützung vieler Studentinnen und Studenten: Herrn Frank Hendrik Meyer danke ich für die Durchführung von Versuchen zur Reihenfolge bei der Sitzeinstellung. Herrn Michael Bammer danke ich für seine Betrachtungen zu alternativen Messmethoden zur Anthropometrieerfassung. Frau Ulrika Troborg danke ich für die Durchführung der Versuche zum Einfluss individueller Vorlieben auf die Sitzposition. Frau Christine Mattern und Herrn Gregor Huber danke ich für die ausdauernde Simulation und Berechnung der Sitzpositionsmatrix für die Haltungssimulation. Herrn Andreas Löcherer danke ich für die Durchführung von Untersuchungen zu Lage des Sicherheitsgurtes und dessen Diskomforteinfluss. Herrn Justin Etherington danke ich für die Voruntersuchungen für das Anzeige-Bedienkonzept. Herrn Max Stenner und Herrn Michael Truppel danke ich für die Simulation und Erstellung von Animationen zur Visualisierung der Sitzeinstellung. Herrn Olaf Kaluza und Herrn Harald Finke danke ich für die Durchführung der zahlreichen Probandenversuche zum Einfluss der Sitzverstellung auf die Druckverteilung. Herrn Robert Pietsch danke ich für die Durchführung von Untersuchungen zum Materialeinfluss auf Druckmessungen. Herrn Fabian Günzkofer, Herrn Florian Kremser und Herrn Gregor Huber danke ich für den großen Einsatz und Unterstützung bei der Realisierung des Versuchssitzes. Frau Sophia Lauterbach, Herrn Klaus Gschwendtner, Herrn Luanfeng Zhang, Herrn Thomas Weißgerber und Herrn Harald Finke danke ich für die engagierte Durchführung und Bearbeitung des Validierungsversuchs.

Ein besonderer Dank gilt Herrn Dr. Christian Mergl, der mit seiner Dissertation den Grundstein für die vorliegende Arbeit legte, das Projekt bei der Audi AG initiierte und mich bei der Bearbeitung mit großem Engagement und fachlicher Kompetenz betreute.

Meinen Chefs Herrn Lutz Morich, Herrn Lorenz Führlinger und Herrn Wolfgang Hötter danke ich für das entgegengebrachte Vertrauen, die große Freiheit und die Unterstützung bei der Umsetzung des Projekts. Meinen Kollegen Herrn Frank Klein, Herrn Andreas Pickel und Herrn Klaus Neubauer danke ich für die Ratschläge und die Unterstützung bei der Entwicklung der elektronischen Komponenten.

Herrn Timo Schott, Herrn Weihao Wu, Herrn Norbert Fürnrieder und Herrn Hardo Tumm von der EDAG GmbH & Co. KGaA danke ich für den großen Einsatz bei der Realisierung von Hardware und Programmierung der Steuerung des Versuchssitzes. Weiterer Dank gilt der BFFT Gesellschaft für Fahrzeugtechnik mbH für die Anbindung des Sitzes an das Versuchsfahrzeug. Herrn Manfred Schlierf und Stefan Graf der GRAMMER AG sowie Herrn Stefan Stern und Herrn Tobias Hofmann der Brose Fahrzeugteile GmbH & Co. KG danke ich für die gute Zusammenarbeit bei der Entwicklung der automatischen Kopfstütze.

Meinen Eltern danke ich für die umfassende Förderung und Unterstützung. Besonders danke ich meiner Freundin Tatjana. Sie war mit ihrer großen Geduld eine wesentliche Stütze und Kraftquelle bei der Erstellung der Dissertation.

Kurzzusammenfassung

Moderne Fahrzeugsitze besitzen eine Vielzahl an Sitzeinstellfunktionen, die eine individuelle Anpassung an den Insassen ermöglichen. Der Sitzkomfort wird maßgeblich von deren Einstellung beeinflusst. Viele Personen sind jedoch bei der Sitzeinstellung überfordert. Ziel dieser Arbeit ist es, den Nutzer bei der Sitzeinstellung mit einem hinsichtlich Aufwand und Nutzen optimalen Assistenzsystem zu unterstützen und so den Sitzkomfort zu verbessern.

Dazu wurden vier alternative Varianten für ein Assistenzsystem entwickelt. Diese wurden in einer Probandenuntersuchung hinsichtlich des Diskomforts, der Körperhaltung, der Druckverteilung, der Attraktivität, der Akzeptanz und der Sicherheit bewertet. Anhand der Ergebnisse konnte ein Modell zum Einfluss von Assistenzgrad und Assistenzumfang bei Assistenzsystemen zur Sitzeinstellung entwickelt werden.

Es lassen sich zwei optimale Ausprägungen für ein Assistenzsystem zur Sitzeinstellung identifizieren, die das Komfortpotential moderner Fahrzeugsitze in benutzerfreundlicher Weise dem Insassen zugänglich machen. Ein Tutorial unterstützt den Nutzer mit einer gezielten Anleitung und erzeugt so ohne großen technischen Realisierungsaufwand eine deutliche Verbesserung der Sitzeinstellung. Eine automatische Komfortoptimierung verbessert, nach manueller Grundeinstellung zur Festlegung der Körperhaltung, die Druckverteilung automatisch und erzeugt so insbesondere eine objektive Optimierung des Sitzkomforts und der Sicherheit.

Abstract

Modern car seats offer the user many possibilities for seat adjustment and individual adaptation. Seat comfort is heavily influenced by seat adjustment. However, many people find it difficult to achieve a good seat adjustment. The aim of this thesis is the development and assessment of assistance systems for individual seat adjustment, improving the user's seat comfort and safety.

Four alternative variants of assistance systems are proposed and evaluated in an empirical study with respect to discomfort, body posture, pressure distribution, attractiveness, acceptance and safety. Using these test results, a model for the influence of the level and coverage of assistance is developed.

Two optimal variants of an assistance system for seat adjustment are identified, which make the full potential of modern car seats accessible in a user-friendly way. The first is a tutorial that guides the user with systematic instructions. The empirical study shows that such a system considerably improves the seat adjustment quality, and is rather easy to implement. The second is an automated comfort optimization that improves the pressure distribution after the user has chosen his/her seat position and body posture, yielding an objective improvement of seat comfort.

Inhaltsverzeichnis

1 Einleitung

1.1 Motivation und Problemstellung

Sitze üben einen großen Einfluss auf das Komfortempfinden im Fahrzeug aus. Um für eine große Variationsbreite der Kunden optimale Bedingungen bereitstellen zu können, besitzen Fahrzeugsitze eine Reihe von Einstellmöglichkeiten. Mit ihnen kann der Sitz an die individuellen anthropometrischen Bedürfnisse angepasst werden. Im Laufe der Zeit wurden mehr und mehr Funktionen zur Sitzanpassung entwickelt. Moderne Fahrzeugsitze besitzen aktuell bis zu zwölf Sitzeinstellfunktionen, siehe Abbildung 1-1.

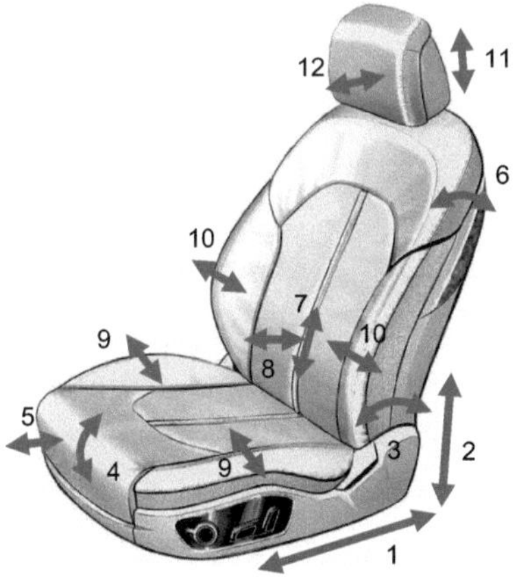

Abbildung 1-1 Sitzeinstellfunktionen (Quelle: Audi AG)

Allerdings werden die vorhandenen Sitzeinstellfunktionen häufig nicht genutzt. Sacher (2008) untersuchte das Bedienverhalten von Fahrzeugfunktionen. In der Untersuchung nahmen nur 20% der Probanden vor Beginn der ersten Fahrt eine Sitzlängs- und Sitzhöheneinstellung vor. Ein Sitzeinstellassistent könnte dem Fahrer die aufwändige Anfangskonfiguration des Fahrzeugs erleichtern und Unsicherheiten im Umgang mit den Funktionen zur Sitzeinstellung reduzieren (Sacher, 2008).

Mit der Einstellung der Sitzfunktionen übt der Nutzer Einfluss auf den Sitzkomfort aus. Der Sitzkomfort ist damit nicht nur abhängig von der vom Automobilhersteller bestimmten technischen Qualität des Sitzes, sondern auch von der vom Nutzer durchgeführten Sitzeinstellung. Bei unvollständiger Sitzeinstellung bleibt das Komfortpotenzial des Sitzes ungenutzt und kann so nicht zur gewünschten Kundenzufriedenheit führen. Eine ungünstige Einstellung kann zudem Diskomfort zur Folge haben (Mergl, 2006; Zenk, 2008).

Im Rahmen dieser Arbeit werden Verfahren entwickelt und untersucht, welche den Nutzer bei der Aufgabe der Sitzeinstellung des Fahrersitzes unterstützen. Dies erleichtert den Einstellvorgang und optimiert durch eine verbesserte Sitzeinstellung den Sitzkomfort. Im Folgenden wird dazu zunächst der Begriff Sitzkomfort definiert und bestehende Verfahren zur Unterstützung bei der Sitzeinstellung vorgestellt. Auf Basis einer Modellierung des Sitzeinstellens werden die Möglichkeiten zur Assistenz analysiert. Darauf aufbauend wird die Zielsetzung präzisiert und die Vorgehensweise der Arbeit vorgestellt.

1.2 Definition Sitzkomfort

Die Empfindungen bezüglich des Sitzkomforts lassen sich nach Zhang et al. (1996) in zwei unterschiedliche Arten einteilen. In einer Cluster-Analyse an Begriffen zum Komfortempfinden identifizierten sie zwei unabhängige Gruppen. Die eine Gruppe beschreibt Aspekte des Gefallens und die andere Gruppe Aspekte des Erleidens. Der Gruppe des Gefallens wiesen sie den Begriff Komfort (comfort), der Gruppe des Erleidens den Begriff Diskomfort (discomfort) zu. Nach dem Modell von Zhang et al. (1996) handelt es sich dabei nicht um das jeweilige Gegenteil und damit nicht um die gegenpoligen Extrema einer kontinuierlichen Skala, sondern um eigenständige Dimensionen, deren Achsen senkrecht zueinander stehen (siehe Abbildung 1-2).

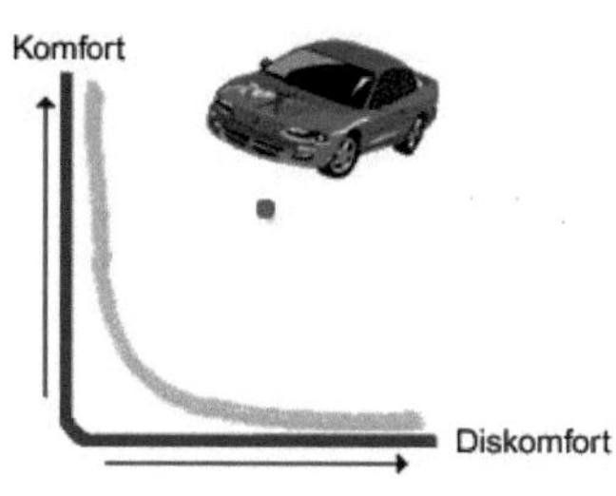

Abbildung 1-2 Komfort-Diskomfort Modell von Helander et Zhang (Mergl, 2006)

Komfort und Diskomfort können zur selben Zeit empfunden werden (Helander et Zhang, 1997). Ein Beispiel für das gleichzeitige Auftreten dieser beiden Empfindungen ist die Fahrt mit einem Sportwagen (Mergl, 2006). Während der Fahrt kann der Gefallensaspekt (Komfort) sehr hoch sein, obwohl gleichzeitig hohe Diskomforteinflüsse wirken. Diese können beispielsweise die Schwingungen durch das hart gefederte Sportfahrwerk sein.

Komfort wird von vielen subjektiven Einflussfaktoren und Erwartungen geprägt und vor allem durch Design und Ästhetik bestimmt. In objektiven Beurteilungen ist Komfort kaum zugänglich, wohingegen sich Diskomfort größtenteils mit den Methoden der Psychophysik[1] objektivieren lässt (Hartung, 2006). Die vorliegende Arbeit ist auf den Bereich des Diskomforts fokussiert.

Die Unterscheidung zwischen Komfort und Diskomfort erfolgt in der Literatur bisher noch nicht einheitlich (Hartung, 2006). Der Begriff Komfort beschreibt einerseits den Aspekt des Gefallens, andererseits dient er auch als Oberbegriff. In dieser Arbeit findet die Definition von Zhang et al. (1996) Anwendung. In der Literatur etablierte Begriffe wie das Wort „Sitzkomfort" und „Komfortempfindung" werden allerdings entsprechend des Allgemeinen Sprachgebrauchs als Oberbegriffe für Gefallen *und* Erleiden verwendet.

Nach der Zeitdauer lässt sich Sitzkomfort in Ansitzkomfort, Kurzzeitkomfort und Langzeitkomfort untergliedern (Hartung, 2006). Ansitzkomfort beschreibt die Empfindungen während des Hinsetzens und der ersten Sekunden auf dem Sitz. Der Bereich des Kurzzeitkomforts umfasst die folgenden 15 bis 30 Minuten. Anschließenden folgt der Langzeitkomfort.

Sitzkomfort setzt sich im Fahrzeug aus statischen und dynamischen Komponenten zusammen (Ebe et Griffin, 2000; Kolich, 2008) und beruht auf mehreren Dimensionen (Mergl, 2006): Der Haltungskomfort bezeichnet die Einflüsse der Körperhaltung. Das Mikroklima hängt vor allem von der Wasserdampfdurchlässigkeit des Sitzes ab. Der Schwingungskomfort wird durch die Schwingungseigenschaften von Fahrwerk und Sitz festgelegt. Der Seitenhalt des Sitzes wird von der seitlichen Unterstützung des Insassen durch den Sitz bestimmt. Die Druckverteilung bezeichnet die sich zwischen Insasse und Sitz wirkenden Druckverhältnisse.

[1] Die Psychophysik beschreibt eine Empfindung als eine Funktion eines Reizes.

Von diesen Dimensionen werden vor allem die Körperhaltung und die Druckverteilung durch die Sitzeinstellung beeinflusst. Die Sitzeinstellung gibt zusammen mit den primären Bedienelementen des Fahrzeugs die Körperhaltung vor. Sie verändert außerdem die unterstützende Wirkung des Sitzes und modifiziert damit die Druckverteilung. Über den Anlagedruck in den seitlichen Körperbereichen wird auch der Seitenhalt beeinflusst. Körperhaltung und Druckverteilung stellen demnach Einflussgrößen für eine optimale Sitzeinstellung dar.

1.2.1 Körperhaltung

Von besonderem Interesse hinsichtlich der Körperhaltung sind Fahrersitze, da sie neben der eigentlichen Abstützung des Fahrers die Voraussetzungen zum komfortablen und sicheren Führen des Fahrzeugs erfüllen müssen. Die Körperhaltung wird durch die Lage der primären Bedienelemente und durch die Sichtanforderungen beeinflusst. Im Rahmen dieser Restriktionen optimiert der Insasse seine Körperhaltung durch die Einstellung von Sitz und Lenkrad. Dabei werden Körperwinkel angestrebt, die zu einer möglichst entspannten Körperhaltung führen. Weicht ein Gelenkwinkel von seinem Optimalbereich ab, so ist eine Verschlechterung des Komfortempfindens zu erwarten (Estermann, 1999). In der Literatur finden sich Angaben zu optimalen Körperwinkeln, im Allgemeinen Komfortwinkel genannt (siehe Tabelle 1-1).

Tabelle 1-1 Komfortwinkel in der Literatur (in Grad)

	Torso-neigung	Schulter-gelenk	Ellbogen-gelenk	Hüftgelenk	Kniegelenk	Sprung-gelenk
RAMSIS Neutrale Haltung	27	22	127	99	119	103
Kahlmeier et Marek (2000)	15 - 25	15 - 35	85 - 110	85 - 110	95 - 120	85 - 95
DIN 33408	-	38	120	95	125	90
Dupius (1983)	-	-	-	105 - 115	110 - 120	-
HdE (1989)	-	-	-	110	145	100
Rebiffé (1969)	-	0 - 25	80 - 120	95 - 120	95 - 135	90 - 110
Wallentowitz (1995)	20 - 30	28	105 - 115	100 - 105	110 - 130	90

Komfortwinkel werden in der Entwicklung zur Auslegung des Fahrerarbeitsplatzes verwendet. Früher wurden sie auf zweidimensionale Schablonen angewendet. Mittlerweile erfolgt die ergonomische Innenraumgestaltung mit Hilfe digitaler, dreidimensionaler Menschmodelle. Es existieren zahlreiche kommerzielle Menschmodelle. Eine hohe Verbreitung, insbesondere in der deutschen Automobilindustrie, besitzt das Programm RAMSIS (Rechnergestütztes Anthropologisch-Mathematisches System zur Insassen Simulation). Es wurde im Auftrag der Forschungsvereinigung Automobiltechnik (FAT), Audi, BMW, Ford, Mercedes-Benz, Opel, Porsche, VW und den Sitzherstellern Keiper-Recaro und Naue zur Simulation von realistischen Körperhaltungen im Fahrzeug entwickelt.

Das Menschmodell besteht aus einem kinematischen Skelett und einer Körperoberfläche. Die Körperhaltung eines Manikins[2] wird am kinematischen Skelett mit Gelenkwinkeln manipuliert. Die Körperoberfläche wird durch Scheiben gebildet, die um das Skelett angeordnet sind. Die Abmessungen des Modells sind mit einer anthropometrischen Datenbank verknüpft (Geuß, 1993). Die Haltungssimulation beruht auf einem probabilistischen Haltungsmodell. In einem Mockup wurden Untersuchungen zur Körperhaltung beim Fahren, beim Erreichen von Zielobjekten und beim Umblicken durchgeführt (Geuß, 1993; Seidl, 1994; Krist, 1993). Aus den auftretenden Körperhaltungen entwickelte Seidl (1994) für jeden Freiheitsgrad eines jeden Gelenks eine Verteilungsfunktion. Eine Verteilungsfunktion gibt für alle Winkel die zugehörige Wahrscheinlichkeit für ihr Auftreten an. Unter Vorgabe fahrzeugspezifischer Restriktionen, wie Kontaktpunkte der Füße an den Pedalen und Hände am Lenkrad, wird auf Basis der Verteilungsfunktionen der einzelnen Körpergelenke die Körperhaltung mit der größten Gesamtwahrscheinlichkeit berechnet (Seidl, 1994). Es ergibt sich die für eine Person mit den Körpermaßen des simulierten Menschmodells wahrscheinlichste Körperhaltung und Sitzposition.

Krist (1993) entwickelte für RAMSIS ein Modell zur Prognose des Haltungskomforts von simulierten Körperhaltungen. Damit lassen sich unterschiedliche Körperhaltungen miteinander vergleichen und Fahrzeugkonfigurationen optimieren. Das Komfortprognosemodell von Krist (1993) basiert auf Bewertungen des Komfortempfindens zu unterschiedlichen Körperhaltungen in einer Probandenuntersuchung

[2] In RAMSIS werden die virtuellen CAD-Modelle als Manikins bezeichnet.

in einem Fahrzeugmockup. Estermann (1999) ergänzte Fahrversuche und entwickelte das Komfortmodell weiter. Die Untersuchungen von Krist (1993) und Estermann (1999) weisen einen Zusammenhang zwischen Komfortempfinden und Gelenkwinkeln nach. Bei Abweichungen von optimalen Gelenkwinkeln steigt der Diskomfort. Es zeigen sich allerdings auch Grenzen des Komfortmodells. Insbesondere die Auswirkungen kleinerer Unterschiede in der Sitzposition lassen sich in der Nähe einer optimalen Haltung kaum bewerten.

Einen anderen Ansatz zur Simulation von Körperhaltungen mit einem Menschmodell stellt das sogenannte, ebenfalls in RAMSIS implementierte Krafthaltungsmodell dar. Hier wird für jedes Gelenk die auftretende Momentenbelastung berechnet. Einflussgrößen für statische Simulationen stellen die vom Menschen aufgebrachten aktiv und passiv wirkenden Kräfte, die Restriktionen der Kontaktbedingungen, die Massenkräfte von Körperteilen und die Gleichgewichtsbedingungen dar (Marach, 1999). Die Momente werden in jedem Gelenk mit den möglichen maximal ausführbaren Gelenkmomenten verglichen. In der Haltungssimulation wird die Gesamtbeanspruchung unter Berücksichtigung der definierten Restriktionen minimiert.

Estermann (1999) berechnete in seiner Untersuchung auch die Gelenkmomente. Er konnte keine Zusammenhänge zwischen den Gelenkmomenten und dem Komfortempfinden feststellen und vermutet die Ursache in den geringen Gelenkmomenten im Sitzen. Sabbah (2010) untersuchte für den Einstiegsvorgang Zusammenhänge zwischen Gelenkwinkeln, Gelenkmomenten und Diskomfortbeurteilungen. Dabei konnte er stärkere Zusammenhänge zwischen dem Diskomfort und den Gelenkwinkeln finden als zwischen dem Diskomfort und den Gelenkmomenten. Fröhmel (2010) führte eine Validierung des in RAMSIS implementierten Krafthaltungsmodells in einem variablen Fahrzeugmockup durch. Sie konnte insgesamt keine wesentliche Verbesserung der Haltungsprognose gegenüber dem RAMSIS Wahrscheinlichkeitsmodell feststellen.

Ein weiterer Ansatz zur Prognose von Sitzposition und Körperhaltung ist eine direkte Berechnung der Sitzposition aus Körpermaßen und Fahrzeugparametern anhand von experimentell ermittelten Korrelationen. Reed et al. (2002) stellen eine statistische Methode zur Prognose der Sitzposition aus den anthropometrischen Werten der Körperhöhe und dem Body Mass Index sowie den Fahrzeugparametern

H30-Maß[3], der Höhe des Lenkrads und dem Neigungswinkel der Sitzfläche vor. Die Berechnung beruht nicht auf der Optimierung der Körperhaltung, sondern auf einem empirischen Sitzpositionsmodell. In die Berechnung fließen die Proportionen des Insassen nicht ein, die Einflüsse der Stammlänge auf die Sitzhöheneinstellung werden nicht berücksichtigt.

Bei allen Ansätzen zur Prognose der Körperhaltung führen Simulationen in einem Fahrzeug bei Verwendung gleicher Körpermaße immer zur gleichen Körperhaltung und Sitzposition. In der Realität nehmen Personen mit ähnlichen Körpermaßen jedoch häufig sehr unterschiedliche Körperhaltungen ein (vergleiche Reed et al., 2002; Kolich, 2008).

Auch Fröhmel (2010) stellt große Streuungen der individuellen Sitzeinstellungen von Probandengruppen gleicher Anthropometrie fest. Exemplarisch sind in Abbildung 1-3 die absoluten Häufigkeiten des linken Kniewinkels von Versuchspersonen des 50. Perzentils in einem BMW Z4 dargestellt. Die Abbildung zeigt eine weite Spanne individuell bevorzugter Kniewinkel. Hinweise für eine große Variationsbreite der Gelenkwinkel finden sich unter anderem auch bei Seidl (1994), Krist (1993) und Estermann (1999), ohne konkret thematisiert zu werden. Die Häufigkeitsverteilungen zu den Gelenkwinkeln weisen sehr breite Bereiche auf.

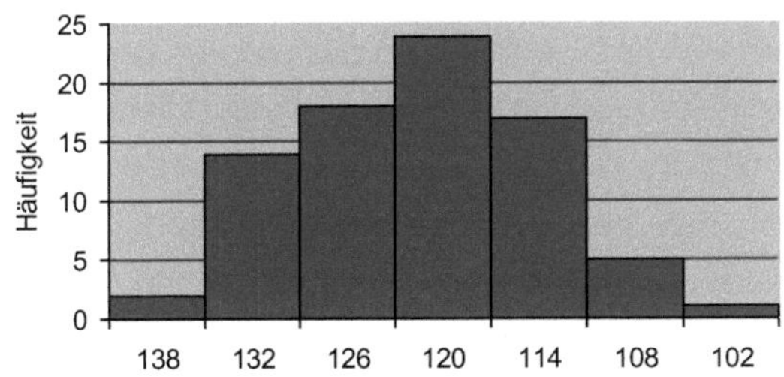

Abbildung 1-3 Häufigkeitsverteilung des Kniewinkels nach Fröhmel (2010)

Öffnungswinkel linkes Knie, 50. Perzentil Mann bei individuellen Sitzpositionen in einem BMW Z4

In der Komfortuntersuchung von Krist (1993) bewerteten die Versuchspersonen drei Körperhaltungen. Diese waren die Körperhaltung der individuellen Sitzeinstellung des Probanden selbst, sowie eine von dieser abgeleitete flachere und eine steilere

[3] Höhe des Sitzreferenzpunktes über der Fersenebene

Körperhaltung, die durch Sitzeinstellung vorgegeben wurde. Ein zufriedenstellender direkter Zusammenhang zwischen den Gelenkwinkeln und den Komfortwertungen lag zunächst nicht vor. Krist (1993) konnte einen deutlichen Zusammenhang finden, als sie die Wertungen für jeden Probanden auf die jeweilige Optimalhaltung des Probanden normierte. Dieses Komfortmodell beschreibt damit die Verschlechterung des Komfortempfindens bei zunehmender Abweichung von der jeweiligen individuellen Optimalhaltung.

Die mit einem Menschmodell prognostizierte Körperhaltung stellt trotz möglicher individueller Abweichungen eine geeignete Haltung dar. Im Straßenverkehr lassen sich gelegentlich individuelle Extremhaltungen beobachten, die nur eingeschränkt zum sicheren Fahren geeignet scheinen. Aufgabe eines Assistenzsystems ist es nicht, die individuelle Sitzposition eines Nutzers genau wiederzugeben, sondern eine objektiv geeignete Sitzposition zu erzeugen. Eine Untersuchung zur Akzeptanz und subjektiven Bewertung einer durch ein Menschmodell nach objektiven Kriterien prognostizierten Sitzposition ist derzeit in der Literatur nicht zu finden.

Neben der interindividuellen Streuung tritt auch eine intraindividuelle Streuung auf. Mehrmalige Sitzeinstellung durch ein und dieselbe Person führt zu unterschiedlichen Sitzpositionen. In einer Voruntersuchung im Rahmen dieser Arbeit wurde diese Streuung in einem Audi A6 ermittelt. 36 Versuchspersonen stellten sich dazu dreimal hintereinander den elektrisch verstellbaren Sitz und das Lenkrad ein. Zwischen den Einstellungen verließen die Versuchspersonen das Fahrzeug kurz und der Sitz wurde in eine einheitliche Grundposition verfahren. Der Versuch wurde eine Woche später wiederholt. Aus den Sitzeinstellungen wurde für jeden Probanden die Standardabweichung der Sitzpositionen berechnet und diese dann über das Kollektiv gemittelt. Tabelle 1-2 gibt die ermittelten Streuungen der Sitzeinstellung an. Die intraindividuelle Streuung der Sitzpositionen aus beiden Versuchstagen beträgt 12 mm beziehungsweise 7 mm und beinhaltet tagesabhängige Unterschiede.

Tabelle 1-2 Intraindividuelle Streuung der Sitzeinstellung

	x-Richtung (mm)	z-Richtung (mm)
Tag 1	9	5
Tag 2	9	5
Tag 1 und Tag 2	12	7

Im Oberkörper wird die Körperhaltung durch die Form der Wirbelsäule bestimmt. Durch ihren Aufbau aus harten Wirbelkörpern und flexiblen Bandscheiben ermöglicht die Wirbelsäule flexible Oberkörperhaltungen. Nachemson (1966) und Wilke et al. (1999) untersuchten die Auswirkungen unterschiedlicher Oberkörperhaltungen auf die Belastung der Bandscheiben. Die Messungen von Nachemson (1966) zeigen bei nicht durch eine Lehne unterstützter, gekrümmter Oberkörperhaltung eine Erhöhung der Bandscheibeninnendrücke gegenüber einer aufrechten Oberkörperhaltung. Die Untersuchungen von Wilke et al. (1999) weisen eine Reduzierung der Drücke in den Bandscheiben bei angelehnter, leicht nach hinten geneigter Oberkörperhaltung nach. Durch die Abstützung an der Lehne wird die Wirbelsäule entlastet. Allgemein gilt vor allem ein Wechsel zwischen unterschiedlichen Haltungen als vorteilhaft.

Zusammenfassung

Die Körperhaltung beeinflusst das Komfortempfinden. Komfortwinkel können als Basis für eine Diskomfortreduzierung verwendet werden. Mit einem Menschmodell kann eine objektive Körperhaltung und damit eine geeignete Sitzpositionen einer Person prognostiziert werden. Eine subjektive Bewertung und Akzeptanzuntersuchung von Sitzpositionen, die mit Menschmodellen erzeugt wurden, ist nicht bekannt.

1.2.2 Druckverteilung

In der Literatur finden sich zahlreiche Untersuchungen, die auf einen Einfluss der Druckverteilung auf das Komfortempfinden hinweisen.

Shen et Galer (1993) zeigen signifikante Korrelationen des Komfortempfindens mit den Parametern mittlerer Druck, maximaler Druck und maximaler Gradient. Milivojevich et al. (2000) fanden Zusammenhänge zwischen den Drücken unter Sitzbeinhöckern und Oberschenkeln mit Diskomfortbewertungen. Ebe et Griffin (2001) weisen ebenfalls einen signifikanten Zusammenhang zwischen der Last im Bereich der Sitzbeinhöcker und dem Sitzkomfort nach. Oudenhuijzen et al. (2003) fanden für die Druckverteilung als Ganzes einen Einfluss auf das Komfortempfinden. De Looze et al. (2003) untersuchten in einer Literaturrecherche den Zusammenhang zwischen Komfort beziehungsweise Diskomfort und objektiven Messgrößen. Für die Druckverteilung fanden sie in der Literatur den deutlichsten Zusammenhang zu subjektiven Bewertungen, insbesondere dem Diskomfort.

Gross et al. (1994) untersuchten an 50 Fahrzeugsitzen Zusammenhänge zwischen objektiven Messgrößen und dem Komfortempfinden. Als objektive Parameter erfassten sie neben anthropometrischen Maßen, der Geometrie des Fahrzeugsitzes und Haltungsparametern die Druckverteilung. Zur Auswertung der Druckverteilung unterteilten sie Sitzfläche und Lehne jeweils in acht Bereiche und berechneten verschiedene Parameter der Druckverteilung. Gross et al. (1994) stellten Zusammenhänge zwischen dem Komfortempfinden und Parametern der Druckverteilung fest und entwickelten ein Modell zur Prognose des Komfortempfindens.

Estermann (1999) führte bei seinen Untersuchungen zur Körperhaltung auch Druckmessungen durch, konnte allerdings keine Zusammenhänge zwischen dem Komfortempfinden und der Druckverteilung finden.

Kolich et Taboun (2004) entwickelten und validierten anhand einer Untersuchung mit zwölf Versuchspersonen an fünf Sitzen ebenfalls ein Modell zur Komfortprognose. Den stärksten objektiven Einfluss auf das Komfortempfinden übt nach Kolich et Taboun (2004) der Maximaldruck in der Sitzfläche aus.

Kyung et Nussbaum (2008) untersuchten in Fahrversuchen mit 27 Versuchspersonen in vier Fahrzeugen den Einfluss der Druckverteilung auf das Komfortempfinden. Bewertet wurden jeweils vier Körperbereiche der Sitzfläche und zwei Körperbereiche der Lehne sowie der Gesamteindruck hinsichtlich Komfort und Diskomfort. Die Untersuchungen zeigen eine Verbesserung durch niedrigere Drücke unter den Sitzbeinhöckern und höhere Drücke im Rücken (untere und obere Hälfte). Hinsichtlich der Gesamtbewertung fanden Kyung et Nussbaum (2008) abweichend zu anderen Untersuchungen (vergleiche De Looze et al., 2003) einen stärkeren Zusammenhang der betrachteten Parameter der Druckverteilung mit dem Gesamtkomfort als mit dem Gesamtdiskomfort.

Hartung (2006) führte Untersuchungen zur Objektivierung des statischen Sitzkomforts durch. Er bezog dabei die gemessenen Druckverteilungen auf den menschlichen Körper. Dazu entwickelte er in Anlehnung an Corlett et Bishop (1976) eine Bodymap, die den Körper in 17 Körperbereiche einteilt. Die Diskomfortbewertung erfolgt für die einzelnen Körperbereiche mit einer modifizierten CP-50 Skala. Die zugrunde liegende CP-50 Skala zeichnet sich nach Shen et Parsons (1997) durch eine hohe Test-Retest-Reliabilität aus. Versuchspersonen wählen anhand der Formulierungen eine Kategorie und geben mit dem Zahlenwert eine feinere Tendenz an. Die Bodymap und CP-50 Skala von Hartung (2006) finden sich in Anhang A. An der Untersuchung nahmen 48 Versuchspersonen teil, die je zehn bis 15 Minuten auf neun mit einem Forschungsstuhl[4] simulierten Autositzen saßen. Hartung (2006) konnte einen Zusammenhang zwischen den Druckverteilungen im Ganzen und den subjektiven Bewertungen finden. Aus den aufgenommenen Druckverteilungen leitete er eine ideale Lastverteilung ab, indem er für alle Körperbereiche jeweils die Druckwerte mit der Diskomfortwertung „kein Diskomfort" auswählte und daraus Mittelwert und Standardabweichung berechnete. In einer Validierungsstudie in einem Mockup zeigten sich für die ideale Druckverteilung signifikant bessere Diskomfortbewertungen als für drei alternative Sitzvariationen.

Mergl (2006; vergleiche auch Mergl et al., 2005) konnte in einer Probandenuntersuchung mit 40 Versuchspersonen und sechs mit dem Forschungsstuhl (vergleiche Hartung, 2006) simulierten Sitzen drei Parameter der Druckverteilung identifizieren, die einen besonders hohen Zusammenhang mit dem Diskomfort aufweisen:

- Prozentuale Lastverteilung: Anteil der einzelnen Körperbereiche an der Gesamtlast der Sitzfläche / des Rückens
- Maximaler Druck: maximal auftretender Druck im Körperbereich
- Druckgradient: Veränderung des Druckes entlang der Längs-/Hochachse

In einer Untersuchung in einem Mockup entwickelte Mergl (2006) für die Körperteile der Bodymap nach Hartung (2006) ein Modell für eine ideale Druckverteilung. Die Untersuchung fand getrennt für Sitzfläche (20 Versuchspersonen) und Rücken (25 Versuchspersonen) mit je sechs Variationen statt. Mergl (2006) untersuchte für jeden Körperbereich jeder Versuchsperson die Zusammenhänge der drei Parameter der Druckverteilung mit den Diskomfortbewertungen und leitete Richtwerte für eine ideale Druckverteilung ab.

Zur Überprüfung dieser Richtwerte für das Kurzzeitverhalten führte Mergl (2006) eine Validierungsuntersuchung durch. 16 Versuchspersonen wurden in einem Fahrzeug

[4] Der Forschungsstuhl simuliert mit druckgeregelten pneumatischen Stempeln die Kontur und das Schaumverhalten von Autositzen. Nähere Informationen finden sich bei Balzulat (2000).

sechs Sitzeinstellungen mit unterschiedlichen Druckverteilungen vorgegeben, mit denen sie eine halbe Stunde lang fuhren. Nach der Fahrt stellten sie sich jeweils den Sitz selbst so ein, dass sie keinen druckbedingten Diskomfort mehr verspürten. Die selbst erzeugten Druckverteilungen wurden zur Validierung des Modells verwendet. Auf Basis von 95%-Konfidenzintervallen konnte so ein Großteil des Modells für das Kurzzeitverhalten validiert werden.

Für die Sitzfläche führte Mergl (2006) mit zehn Versuchspersonen außerdem eine dreistündige Validierungsuntersuchung für das Langzeitverhalten durch. Die Sitzkonfigurationen unterschieden sich in der Unterstützung der vorderen Oberschenkel. Mittels Schaumauflagen und Sitzeinstellung wurden die Konfigurationen minimale Unterstützung mit 0% Last, ideale Unterstützung mit 3% Last und maximale Unterstützung mit 8% Last je vorderen Oberschenkel erzeugt. Die Konfiguration mit minimaler Unterstützung wurde hinsichtlich des Gesamtdiskomfort und des Diskomforts im unteren Rücken als signifikant schlechter bewertet als die beiden anderen Konfigurationen (Mergl, 2006).

Mergl (2006) konnte mit seinen Untersuchungen signifikante Zusammenhänge zwischen den drei Parametern und dem Diskomfort finden und gibt Richtwerte für eine ideale Druckverteilung an. Für die Sitzfläche konnten mehr Zusammenhänge gefunden werden als für den Rücken. Mergl (2006) folgert, dass für den Rücken eine größere Variationsbreite akzeptiert wird. Außerdem zeigt er auf, dass der Diskomfort im Rücken zum Teil auf die Lastverteilung in der Sitzfläche zurückzuführen ist. Mergl (2006) hebt hier die prozentuale Last im Bereich der vorderen Oberschenkel hervor.

Von den Parametern der Druckverteilung eignet sich die prozentuale Lastverteilung zur Beurteilung der Sitzeinstellung. Die prozentuale Lastverteilung wird durch die Sitzeinstellung direkt beeinflusst. Auch Maximaldruck und Gradient hängen von der Sitzeinstellung ab, sind im Wesentlichen jedoch bereits durch die konstruktive Auslegung in der Sitzentwicklung festgelegt. Tabelle 1-3 gibt die Richtwerte von Hartung (2006) und Mergl (2008) für eine ideale Lastverteilung an. Die Tabelle enthält auch eine Ergänzung durch Mergl (2010). Für die prozentuale Last im unteren Rücken konnte das Modell von Mergl (2006) nicht validiert werden. Als Anhaltswerte sind für diesen Bereich Mittelwert und Konfidenzintervall (95%) der Untersuchung zum Kurzzeitkomfort angegeben.

Tabelle 1-3 Ideale Lastverteilung nach Mergl (2006 [a], 2010 [b]) und Hartung (2006)

	Mergl 2006 [a] Mergl 2010 [b]	Hartung 2006	
Schultern	-	21	SD 8
Oberer Rücken	20 - 50 [a]	34	SD 8
Unterer Rücken	(45 KI 2) [a]	30	SD 7
Seitlicher Rücken	7 - 10 [b]	3	SD 2,4
Seitlicher Beckenkamm	4 - 6 [b]	6	SD 6
Steißbein	-	5	SD 5
Gesäß	49 - 57 [a]	56	SD 7
Mittlere Oberschenkel	<28 [a]	30	SD 3,5
Vordere Oberschenkel	6 [a]	8	SD 4,4
Seitliche Oberschenkel	14 - 16 [b]	6	SD 3

Last jeweils bezogen auf die Gesamtlast des Rückens / der Sitzfläche in Prozent, Symmetrische Körperbereiche als Summe, SD: Standardabweichung, KI: Konfidenzintervall

Die Richtwerte der beiden Autoren decken sich im Allgemeinen gut. Die geringeren Werte für den seitlichen Rücken und die seitlichen Oberschenkel bei Hartung (2006) sind auf den statischen Versuchsaufbau zurückzuführen.

Zenk et al. (2007) führten in Anlehnung an die Bandscheibendruckstudien von Nachemson (1966), Sato et al. (1999) und Wilke et al. (1999) eine Untersuchung zum Zusammenhang zwischen der Druckverteilung in der Sitzfläche und der Belastung der Wirbelsäule durch. Einer freiwilligen Versuchsperson wurden Drucksensoren in die Gallertkerne (Nucleus pulposus) der Bandscheiben L4-L5 und L5-S1 der Lendenwirbelsäule eingeführt. Der Versuchsperson wurden mittels Sitzeinstellung drei unterschiedliche Lastverteilungen vorgegeben. Für die Einstellung minimaler Unterstützung lagen für die beiden vorderen Oberschenkel in Summe 0,4%, für die ideale 6,4% und die maximale Unterstützung 10,6% Last der Sitzfläche an. Zenk et al. (2007) fanden für die ideale Lastverteilung deutlich geringere Bandscheibeninnendrücke (Mittelwert 0,5 bar) gegenüber der maximalen Unterstützung (Mittelwert 0,95 bar) und der minimalen Unterstützung (Mittelwert 1,5 bar) der vorderen Oberschenkel. Zenk et al. (2007) sehen eine Anspannung des musculus iliopsoas als Ursache für die Druckzunahme in den Bandscheiben. Die vorgegebene ideale Oberschenkelunterstützung wurde vom Probanden als sehr komfortabel empfunden (Zenk et al, 2007). Ergänzend zu den drei vorgegebenen

Sitzeinstellungen der Untersuchung nahm die Versuchsperson auch viermal selbst eine individuelle Sitzeinstellung vor. Die sich einstellenden Bandscheibendrücke lagen teilweise deutlich über denen der idealen Druckverteilung (Zenk, 2009). Die Untersuchung von Zenk et al. (2007) liefert für die idealen Druckverteilung eine physiologische Grundlage für die Beeinflussung des Diskomforts.

Franz (2010) untersuchte für eine Komfortkopfstütze zur Abstützung von Kopf und Nacken Zusammenhänge zwischen Druckverteilung und Diskomfort. Ein Kontakt zwischen Kopf und Kopfstütze ist unter anderem auf der Autobahn und im Stau möglich. Franz (2010) führte zunächst eine Untersuchung zur Druckverteilung im Hinterkopf- und Nackenbereich durch. Probanden stellten sich auf einem Mockup eine Prototypenkopfstütze ein und bewerteten für je vier unterschiedliche Schaummodifikationen im Hinterkopf- und Nackenbereich den Diskomfort. Zeitgleich zu den Bewertungen wurden Druckmessungen durchgeführt. Franz (2010) leitet daraus Zusammenhänge zwischen dem Maximaldruck und dem Diskomfort ab.

Die Untersuchung von Franz (2010) zeigt, dass die Druckverteilung auch ein geeignetes Instrument zur Bewertung von Kopfstützen für die Kopf- und Nackenanlage sein kann. In vielen Verkehrssituationen ist allerdings eine freie Kopfhaltung ohne Kontakt zur Kopfstütze von Vorteil. Häufig wird ein Kontakt als störend empfunden. Für die Entwicklung eines Assistenzsystems zur Sitzeinstellung ist eine vorgegebene Kopfanlage nicht geeignet. Stattdessen wird ein Freiraum zur Kopfbewegung vorgesehen, der durch die Nutzer bei entsprechender Vorliebe in geeigneten Fahrsituationen manuell verstellt werden kann.

Zusammenfassung

Der Literaturüberblick zeigt, dass die Druckverteilung zur objektiven Bewertung des Diskomforts geeignet ist. Einfluss auf den Diskomfort übt dabei die Druckverteilung als Ganzes bezogen auf den menschlichen Körper aus. Von Bedeutung für die Sitzeinstellung ist die prozentuale Lastverteilung. Insbesondere die Untersuchungen zu einer idealen Druckverteilung von Hartung (2006) und Mergl (2006) können als Grundlage für ein Assistenzsystem zur Sitzeinstellung verwendet werden. Von besonderer Wichtigkeit ist eine gezielte Unterstützung der vorderen Oberschenkel.

1.3 Anforderungen der Fahrzeugsicherheit an die Sitzeinstellung

Die Sitzeinstellung beeinflusst nicht nur den Sitzkomfort, sondern auch die Sicherheit des Insassen. Eine ungünstige Einstellung kann die Führung des Fahrzeugs in Extremsituationen beeinträchtigen und so die aktive Sicherheit reduzieren. Außerdem kann bei einem Unfall die passive Sicherheit durch eine potenziell erhöhte Verletzungsschwere verschlechtert werden. Aufgabe dieser Arbeit ist die Verbesserung des Sitzkomforts. Aspekte der Fahrzeugsicherheit befinden sich somit nicht im primären Fokus, Grundanforderungen, die im direkten Zusammenhang mit der Sitzeinstellung stehen, werden allerdings berücksichtigt.

Die aktive Sicherheit wird von der Erreichbarkeit der Bedienelemente sowie den Sichtbedingungen beeinflusst. Um in Notsituationen genügend Kraft auf das Bremspedal ausüben zu können, sollten die Beine bei vollständiger Betätigung noch leicht angewinkelt sein. Um schnelle Ausweichmanöver durchführen zu können, sollte das Lenkrad mit angewinkelten Armen ohne Oberkörperverlagerung bedient werden können. Diese Anforderungen lassen sich bei der Anpassung der Körperhaltung beachten.

Im Falle eines Frontalaufpralls wird der Insasse vom Sicherheitsgurt und von den Airbags zurückgehalten. Deren Auslegung ist auf eine maximale Wirksamkeit und die Vermeidung von Verletzungen ausgerichtet. Der Sicherheitsgurt übt durch seinen permanenten direkten Kontakt auch Einfluss auf den Diskomfort aus. Dabei lassen sich Zusammenhänge mit der Druckverteilung auf der Vorderseite des Oberkörpers nachweisen (vergleiche Lorenz et al., 2010; Liang et al., 2003). Die Sitzeinstellung kann über die Neigung der Sitzfläche die Wirksamkeit des Sicherheitsgurtes beeinflussen. Eine sehr flache Sitzfläche kann in Zusammenhang mit Gurtverlauf und der Beckenkippung dazu beitragen, dass sich das Becken des Insassen unter den Sicherheitsgurt schiebt. Der Wirkungsbereich des Sicherheitsgurtes wird damit auf die Abdomen verschoben, was zu schweren inneren Verletzungen führen kann (Schmitt et al., 2010). Dieses Durchtauchen wird auch als Submarining bezeichnet. Eine steilere Sitzfläche wirkt als Rampe und kann das Submarining-Risiko reduzieren (vergleiche Kramer, 2009). Dies deckt sich mit der Anforderung der idealen Druckverteilung nach einer Unterstützung der vorderen Oberschenkel. Die Positionierung des Sicherheitsgurtes erfolgt nach Gesichtspunkten der Fahrzeugsicherheit und ist nicht Gegenstand dieser Arbeit.

Bei einem Heckaufprall wird der Insasse von der Lehne nach vorne beschleunigt. Der Kopf bleibt ohne direkte Beschleunigung zunächst zurück. In der oberen Halswirbelsäule liegt eine Flexion, in der unteren Halswirbelsäule eine Extension vor (Muser et al., 2000). Dabei können hohe Scherkräfte auftreten. Anschließend kippt der Kopf nach hinten, die Halswirbelsäule erfährt damit überall eine Extension. Bei einer zu niedrig eingestellten Kopfstütze kann der Kopf über die Oberkante abrollen und so diese Kippbewegung auf negative Weise noch verstärken. Dabei ist zu beachten, dass der Oberkörper bei einem Heckaufprall abhängig von der Lehnenneigung und den Materialeigenschaften des Sitzes um bis zu 30 mm nach oben gleitet (Deutscher, 1999). Die im Gewebe der Halswirbelsäule gespeicherte Energie und der Fahrzeugsitz beschleunigen Kopf, Hals und Thorax nach vorne (Diemer et Sutor, 2010). Der Sicherheitsgurt stoppt die Bewegung der Brustwirbelsäule, der Kopf bewegt sich weiter nach vorne und kippt nach vorne weg (Muser et al., 2000). Der beschriebene Vorgang wird als Whiplash (Peitschenschlag) bezeichnet und kann mit der energiereichen Extension oder Hyperextension schwere Verletzungen auslösen (Walz, 1987).

Die Kopfstütze sollte sich also aus Sicht der Fahrzeugsicherheit möglichst nahe am Kopf befinden (Schmitt et al., 2010). In Hinblick auf negative Rückmeldungen ist ein Kontakt mit dem Hinterkopf beziehungsweise den Haaren hinsichtlich des Komfortempfindens zu vermeiden. Die Höheneinstellung sollte auch bei einem Hochgleiten dafür sorgen, dass sich der Schwerpunkt des Kopfes nicht oberhalb der Prallfläche der Kopfstütze befindet.

1.4 Stand der Technik

Im Vorfeld der Untersuchungen wird ein Literaturüberblick zu bestehenden Assistenzsystemen zur Sitzeinstellung vorgestellt. Betrachtet werden Systeme zur Optimierung von Körperhaltung und Druckverteilung.

1.4.1 Systeme zur automatischen Optimierung der Körperhaltung

Das Patent DE 19522897 C2 der Daimler-Benz AG beschreibt ein System, bei welchem sich die Einstellung einer Sitzfunktion über eine vorgegebene Kennlinie auf eine weitere Sitzfunktion auswirkt. Damit können Sitzeinstellfunktionen, zwischen denen anthropometrische Abhängigkeiten bestehen, miteinander gekoppelt werden.

Das Patent DE 2640528 C3 der Keiper Automobiltechnik GmbH & Co KG stellt ein System vor, das anhand der Eingabe von personenspezifischen Daten und Fahrsituationsdaten eine optimale Sitzeinstellung bestimmt. Die ermittelte Sitzeinstellung wird entweder mit einer Anzeige dargestellt oder automatisch eingestellt. In der allgemein formulierten Patentschrift sind keine Hinweise angegeben, wie die optimale Sitzposition aus den Eingangswerten bestimmt wird.

Die Offenlegungsschrift WO 20060994428 A3 der Performance Driving Position LLP beschreibt ein System, das basierend auf anthropometrischen Werten eine automatische Einstellung von Sitz und Lenkrad vornimmt. Die anthropometrischen Maße werden entweder manuell eingegeben oder mit einem Scanner beispielsweise bei einem Händler bestimmt. Ziel der Einstellung ist die Positionierung der Augen und der Hüfte in einem fest vorgegebenen Bereich. Die Methode berücksichtigt die Gelenkwinkel des Insassen jedoch nicht.

Die Automotive Tech Inc. veröffentlicht in der Patentschrift US 5748473 A eine Erfindung zur Klassifikation des Insassen mit im Fahrzeug gemessenen Werten und der automatischen Einstellung von Sitz- und Fahrzeugkomponenten anhand der ermittelten Klassifikation. Mit einem Sensor auf Basis elektromagnetischer Wellen wird die Körperhöhe und mit Sensoren in der Sitzfläche das Gewicht des Insassen bestimmt. Anhand einer Tabelle erfolgt eine automatische Einstellung des Sitzes. Dazu werden die Augen des Insassen innerhalb einer fahrzeugspezifischen sichtoptimalen Augpunktellipse positioniert. Korrigiert der Insasse in einem vorgegebenen Zeitraum die automatische Einstellung, können die Änderungen der ausgewählten Insassenklasse zugeordnet werden, um die Vorlieben des Insassen bei der nächsten Nutzung des Systems zu berücksichtigen. Weitere Sitz- und Fahrzeugkomponenten, wie beispielsweise die Lordoseneinstellung, können mit der identifizierten Insassenklasse konfiguriert werden. Der Algorithmus einer gezielten Optimierung der Körperhaltung ist in der Patentschrift nicht ersichtlich.

Das Patent EP 1261505 B1 der Siemens AG beschreibt ein System zur automatischen Sitzeinstellung anhand von Bilddaten des Insassen. Dabei erfolgt die Längseinstellung des Sitzes mit dem Ziel einer angenehmen Neigung der

Unterschenkel. Die Neigung des Sitzkissens wird unter dem Gesichtspunkt eines angenehmen Kniewinkels eingestellt, die Neigung der Sitzlehne unter dem Gesichtspunkt eines komfortablen Hüftwinkels. Mit einer Neigungseinstellung des Sitzkissens sowie einer Neigungseinstellung der Sitzlehne wird eine ausreichende Höhe der Augen erzeugt. Außerdem erfolgt eine automatische Höheneinstellung des Lenkrads in Hinblick auf eine optimale Sichtbarkeit der Instrumente sowie eine Längseinstellung des Lenkrades hinsichtlich eines optimalen Ellenbogenwinkels. Können die Gelenkwinkel mit Bilddaten im Fahrzeug bestimmt werden, so stellt die vorgestellte Methode einen geeigneten Weg zur Optimierung der Körperhaltung dar. Der Algorithmus ist allerdings auf Allgemeingültigkeit zu prüfen, beispielsweise übt die Neigung der Sitzfläche normalerweise kaum einen Einfluss auf den Kniewinkel aus.

Die Offenlegungsschrift DE 102004013598 A1 der Robert Bosch GmbH stellt ein System zur Einstellung von Sitzkomponenten und des Sicherheitsgurtes vor. Die Einstellung erfolgt in Abhängigkeit von einer Videosensorik, die Daten zu Insassenklasse, Insassenvolumen, Insassenhaltung und der Kopfposition ermittelt. Der zu Grunde liegende Algorithmus ist nicht beschrieben.

1.4.2 Systeme zur automatischen Optimierung der Druckverteilung

Das Patent DE 19937378 C1 der DaimlerChrysler AG, die Gebrauchsmusterschrift DE 20016770 U1 der Johnson Controls GmbH und die Offenlegungsschrift WO 2008099270 A3 der Toyota Motor Corp beschreiben Systeme, welche abhängig von Veränderungen des Anlagedrucks am Sitz Verstellungen des betroffenen Sitzteils auslösen. Damit soll eine intuitive Sitzsteuerung ermöglicht werden. Verstellungen werden nur von Änderungen der Druckverteilungen ausgelöst. Es handelt sich also nicht um Systeme zur Optimierung der Druckverteilung.

Im Patent DE 19605779 C2 der Audi AG wird ein System zur automatischen Einstellung der Seitenwangen vorgestellt. Mit auf der Innenseite angebrachten Drucksensoren wird der Anlagedruck der Seitenwangen am Nutzer bestimmt. Ist dieser Wert geringer als ein Vorgabewert, so werden die Seitenwangen nach innen bewegt bis der Vorgabewert erreicht wird. Für größere Werte erfolgt eine Bewegung nach außen. Die Seitenwangen werden mit diesem System auf einen definierten

Anlagedruck eingestellt, die Druckverteilung in den restlichen Kontaktflächen wird nicht berücksichtigt.

Die Offenlegungsschrift DE 19644376 A1 und das Patent DE 19649149 B4 der BMW AG sowie die Offenlegungsschrift DE 19851698 A1 der Robert Bosch AG beschreiben allgemein Systeme, bei denen Sitzkomponenten anhand eines zugeordneten Sensors aus dem Vergleich des aktuellen Auflagedruckes mit einem Vorgabewert eingestellt werden. Die Sitzeinstellung erfolgt dabei ohne Berücksichtigung der Druckverteilung.

Das Patent DE 102004062084 B3 der Audi AG beschreibt ein System, welches die vom Nutzer gewählte Sitzeinstellung mit gespeicherten Sollwerten vergleicht, die von personenspezifischen Parametern oder vom Nutzer gewählter Einstellungen im Fahrzeug abhängen. Dabei werden personenspezifische Parameter wie die Druckverteilung durch Auswertung von Verstellweg und Motorstrom einer Sitzkomponente bestimmt, während diese in Anlage zum Nutzer gebracht wird. Ein Algorithmus für diese Optimierung der Sitzeinstellung ist nicht beschrieben.

Ng et al. (1995) untersuchten den Einfluss eines als „intelligent seat system" bezeichneten automatischen Systems auf den Sitzkomfort. In einen Sitz wurden dazu Drucksensoren, Pneumatikblasen und eine Steuereinheit integriert. Die einzelnen Systembestandteile sind in den Patenten US 5170364 A und US 5283735 A der Biomechanics Corporation of America beschrieben. Das System ist als Erweiterung zu den sitzeigenen Sitzeinstellfunktionen ausgelegt. Nach der Sitzeinstellung der serienmäßigen Einstellfunktionen des Sitzes durch den Insassen erfolgt mit den Pneumatikblasen in Sitzfläche und Lehne eine automatische Optimierung des Sitzkomforts. Sensoren erfassen die Druckverteilung und lösen eine Konturanpassung durch die Pneumatikblasen aus. Ng et al. (1995) verglichen die Druckverteilung und das Komfortempfinden von 17 Versuchspersonen für eine rein vom Nutzer durchgeführte Einstellung der normalen Sitzeinstellfunktionen mit einer nach der Nutzereinstellung erfolgten automatischen Optimierung durch das Zusatzsystem. Ng et al. (1995) berechneten aus der Druckverteilung einen Komfortindex nach Gross et al. (1994) und stellten dabei eine Verbesserung fest. In der subjektiven Bewertung des Komfortempfindens wurde das „intelligent seat system" durch die Probanden signifikant besser bewertet.

Die Untersuchung von Ng et al. (1995) zeigt, dass eine automatische Regelung der Sitzeinstellung zur Optimierung des Sitzkomforts möglich ist. Bei der Bewertung des Systems ist jedoch zu berücksichtigen, dass die komfortverbessernden Pneumatikblasen den Probanden bei der manuellen Einstellung nicht zur Verfügung standen und der Umfang der Sitzeinstellfunktionen des verwendeten Sitzes nicht näher bekannt ist. Die Optimierung des Komfortempfindens beruht auf einer Konturveränderung durch die zusätzlichen Pneumatikblasen, eine Ansteuerung der sitzeigenen Sitzeinstellfunktionen erfolgt nicht.

Unter der Lizenz von TEXTRON AUTOMOTIVE INC wurde das beschriebene System als Zusatzausstattung Adaptive Seat System von 1999 bis 2001 für den Cadillac Seville STS und Seville SLS angeboten. Zehn Pneumatikblasen in Sitzfläche und Lehne wurden abhängig von der Druckverteilung zur Konturanpassung geregelt. Bei Aktivierung des Systems durch den Nutzer erfolgt alle vier Minuten eine Aktualisierung. Die Intensität der Lordosenuterstützung konnte vom Nutzer manuell verändert werden.

Mergl (2006) beschreibt als Entwicklungsperspektive seiner Untersuchungen ein System zur automatischen Optimierung der Sitzdruckverteilung möglichst nahe an die Werte der idealen Druckverteilung durch eine Regelung der Sitzeinstellung. Zenk (2008) entwickelte eine solche automatische Sitzkomforteinstellung, genannt ASCA (Automatic Seat Comfort Adjustment). Aus den Messwerten von pneumatischen Drucksensoren unter dem Sitzschaum wird die Lastverteilung berechnet. Anhand der Abweichung zu einer vorgegebenen Druckverteilung erfolgt eine automatische Einstellung der Sitzhöhe, der Sitzneigung, der Lehnenneigung und des Lehnenkopfes. Die Pneumatikblasen werden für die Messung vor dem Einsetzen des Probanden auf einen Referenzdruck aufgeblasen, dieser Blasendruck dient dabei ausschließlich der Sensorik. Die Optimierung der Druckverteilung erfolgt mit den Sitzmotoren, der Blasenvordruck wird nach der Sitzeinstellung wieder abgelassen.

Im Folgenden wird der Regelprozess des ASCA nach Zenk (2008) beschrieben. Nach einer manuellen Sitzlängseinstellung erfolgt anhand der relativen Last in einer Blasenpaarung der vorderen Oberschenkel die automatische Einstellung der Sitzhöhe und der Sitzneigung. Die Einstellung der Sitzhöhe beruht bei Zenk (2008) ausschließlich auf der Druckverteilung: für einen zu hoch eingestellten Sitz liegen bei einer großen Person die Beine aufgrund der angewinkelten Knie nicht auf der vorderen Sitzfläche auf (Zenk, 2008). In einem zweiten Schritt werden Lehnenneigung und Lehnenkopf anhand einer Blasenpaarung im Schulterblattbereich eingestellt. Mittels einer Blasenpaarung unter den Sitzbeinhöckern erfolgt eine Einstellung der Sitzflächenneigung und der Lehnenneigung. Als letzter Schritt wird die Sitzflächenneigung anhand der Blasenpaarung des unteren Rückenbereichs eingestellt. Sind am Ende dieses Regelvorgangs die optimalen Blasendruckwerte noch nicht erreicht, startet ein weiterer Durchgang. Nicht eingestellt werden Sitzlängsposition, Lordosenhöhe und -weite, die Sitztiefe sowie die Seitenwangen. Die Einstellung von Sitzhöhe und Lehnenneigung erfolgt nach Gesichtspunkten der Druckverteilung.

Zenk (2008) überprüfte das ASCA-System in einer statischen und einer dynamischen Probandenuntersuchung. An der statischen Untersuchung nahmen 50 Versuchspersonen teil. Das System erfüllte nach Zenk (2008) dabei die Erwartungen fast zu 100%. Von 47 Versuchspersonen wurde die Sitzposition als angenehm, von drei als unangenehm empfunden. Die Aspekte Zufriedenheit, Nutzen und Innovationsgrad des ASCA-Systems wurden ebenfalls positiv bewertet. Hinsichtlich der Auswertung der Druckverteilung an 42 Versuchspersonen fand Zenk (2008) eine sehr gute Übereinstimmung mit der idealen Druckverteilung, insbesondere für die Sitzfläche.

In einer dynamischen Untersuchung mit einer Fahrtdauer von zwei bis drei Stunden wurde von acht Versuchspersonen eine Diskomfortbewertung der Sitzeinstellung durchgeführt. Die Diskomfortwerte bewegten sich im Bereich des sehr geringen und geringen Diskomforts (Zenk, 2008). Wie bei Mergl (2006) wirkt sich die ideale Druckverteilung positiv auf den Langzeitkomfort aus (Zenk, 2008). Die Untersuchung von Zenk (2008) zeigt den positiven Einfluss eines Assistenzsystems zur Sitzeinstellung auf den Sitzkomfort und dessen Umsetzbarkeit.

Auf Basis des von Zenk (2008) entwickelten Systems entstand die Offenlegungsschrift DE 102007053119 A1 der BMW AG, in welcher für das Verfahren einer automatischen Sitzeinstellung zur Optimierung der Druckverteilung eine Druckmessung mit pneumatischen oder hydraulischen Sensoren vorgesehen ist.

1.4.3 Diskussion

Der Literaturüberblick zeigt zahlreiche Ansätze zur Optimierung des Sitzkomforts. Bei vielen Systemen wird der zu Grunde liegende Algorithmus nicht näher beschrieben oder es handelt sich um allgemein formulierte Konzepte. Zwei realisierte Assistenzsysteme zur Sitzeinstellung sind näher beschrieben. Ng et al. (1995) entwickelten ein System, das die Druckverteilung anhand von zusätzlichen pneumatischen Blasen verbessert. Zenk (2008) stellt ein System vor, das die Druckverteilung mit den sitzeigenen Sitzeinstellfunktionen optimiert. Die Untersuchungen von Ng et al. (1995) und Zenk (2008) zeigen das Potenzial einer Verbesserung des Sitzkomforts mit einem Assistenzsystem zur Sitzeinstellung. Die anderen beschriebenen Systeme, die eine Einstellung abhängig von der Druckverteilung vornehmen, beruhen entweder auf einer Änderung der Sitzeinstellung, ausgelöst von Änderungen im Anlagedruck, oder auf einer Einstellung von Sitzkomponenten auf einen festen Anlagedruck. Damit ist jedoch eine gezielte Optimierung der Druckverteilung nicht möglich.

Die Konzepte zur Optimierung der Körperhaltung lassen sich in zwei Gruppen einteilen. Die erste Gruppe beschreibt eine Sitzeinstellung anhand von anthropometrischen Maßen. Diese werden entweder manuell eingegeben oder direkt im Fahrzeug bestimmt. Die Grundlage der Sitzeinstellung anhand der anthropometrischen Werte ist meist ungenau beschrieben oder bezieht sich rein auf geometrische Bedingungen. Die zweite Gruppe gibt eine Optimierung der Körperhaltung direkt anhand der Gelenkwinkel an. Voraussetzung dafür ist, dass die Gelenkwinkel im Fahrzeug verdeckungsfrei erfasst werden können. Hinsichtlich der Optimierung der Körperhaltung konnte keine nähere Beschreibung eines realisierten, funktionsfähigen Systems gefunden werden. Auch finden sich allgemein keine Hinweise zur subjektiven Akzeptanz und Bewertung einer nach objektiven Gesichtspunkten erzeugten Körperhaltung.

Die Systeme in der Literatur betreffen jeweils nur einen Teil des Funktionsumfangs zur Sitzeinstellung. Auch liegt entweder eine Optimierung der Druckverteilung oder eine Optimierung der Körperhaltung zu Grunde. Das ASCA-System von Zenk (2008) stellt zwar Lehnenneigung und Sitzhöhe ein, Grundlage der Einstellung ist aber die Druckverteilung. Es findet sich keine Untersuchungen zur optimalen Gestaltung eines Assistenzsystems zur Sitzeinstellung.

2 Modellierung des Sitzeinstellens

Sitzkomfort wird in erheblichem Maße von der Sitzeinstellung bestimmt. Um Diskomfort zu vermeiden, muss eine geeignete Sitzeinstellung gefunden werden. Ziel der vorliegenden Arbeit ist es, den Nutzer mit einem geeigneten Assistenzsystem bei der Sitzeinstellung zu unterstützen. Dazu wird zunächst die Aufgabe des Sitzeinstellens analysiert. Darauf aufbauend werden Assistenzmöglichkeiten abgeleitet. Anschließend wird das Ziel dieser Arbeit näher definiert und die Vorgehensweise beschrieben.

2.1 Aufgabenanalyse

Nach Sheridan (1976) lassen sich Aufgaben eines Mensch-Maschine-Systems in hierarchisch ineinander verschachtelte Teilaufgaben gliedern. Dieses Strukturschema wird im Folgenden auf die Aufgabe des Sitzeinstellens übertragen, siehe Abbildung 2-1.

Die Aufgabe besteht darin, eine hinsichtlich Sicherheit und Sitzkomfort optimale Sitzeinstellung zu erzeugen. Diese Aufgabe wird vom Menschen zunächst näher geplant. Unter Berücksichtigung des aktuellen Zustands wird das Ziel der Sitzeinstellung definiert und die einzelnen Anforderungen hinsichtlich Sicherheit und Sitzkomfort werden festgelegt. Beispielsweise wird aufgrund mangelnder Unterstützung der Wunsch nach einer ausgeprägten Oberschenkelunterstützung formuliert.

Für die spezifizierte Anforderung wird als nächstes eine Handlung ermittelt, mit welcher der gewünschte Zustand erzeugt werden kann. Die Möglichkeiten zur Veränderung sind durch die vorhandenen Sitzeinstellfunktionen vorgegeben. Im genannten Beispiel kann die Unterstützung der Oberschenkel im einfachsten Fall mit einer Verstellung der Sitzflächenneigung nach oben erzeugt werden.

In der dritten Teilaufgabe wird die Sitzfunktion mit dem entsprechenden Bedienelement geregelt. Dabei wird der aktuelle Zustand mit den gewünschten Ergebnissen verglichen. Im Beispiel wird die Sitzflächenneigung mit dem Schalter so lange nach oben verstellt, bis die Oberschenkel durch die Sitzfläche die gewünschte

Unterstützung erhalten. Die einzelnen Teilaufgaben werden während des Sitzeinstellens mit dem aktuellen Ergebniszustand abgeglichen.

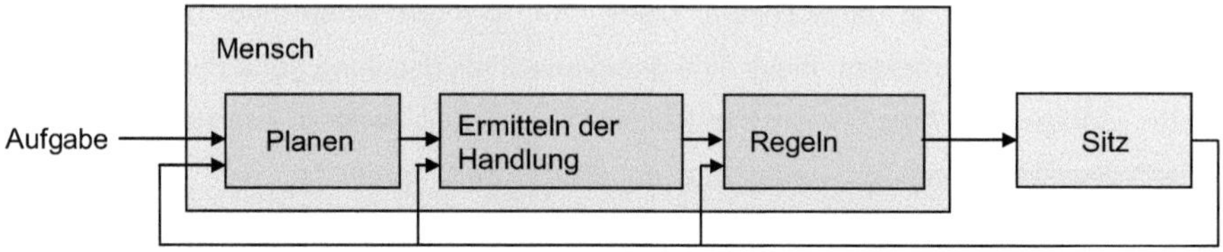

Abbildung 2-1 Strukturdiagramm des Sitzeinstellens

2.2 Assistenzmöglichkeiten

Aufgabe eines Assistenzsystems ist es den Nutzer bei dem Sitzeinstellen zu unterstützen. Die Unterstützung kann sich dabei auf die drei Teilaufgaben Planen, Ermitteln der Handlung und Regeln erstrecken. Assistenzsysteme lassen sich damit hinsichtlich der Unterstützung in den Teilaufgaben des Sitzeinstellens charakterisieren. Dies wird im Folgenden als Assistenzgrad bezeichnet.

Ein Assistenzsystem kann alle drei Teilaufgaben abdecken. Die Einstellung erfolgt automatisch entsprechend der Aufgabe und des aktuellen Zustands. Alle drei Teilaufgaben werden vom Assistenzsystem übernommen, der Nutzer sollte allerdings weiterhin auf den Einstellvorgang einwirken können. Das Assistenzsystem bildet demnach einen parallelen Regelkreis. Sensoren bestimmen die aktuellen Bedingungen. Das System ermittelt die nötigen Handlungen zur Erreichung optimaler Sicherheit und optimalen Sitzkomforts. Die nötigen Verstellbewegungen werden vom Assistenzsystem direkt vorgenommen. Diese Variante wird im Folgenden als *automatische Sitzeinstellung* bezeichnet. Abbildung 2-2 gibt das Strukturdiagramm dieses Assistenzsystems an. Die gestrichelt dargestellten Bestandteile sind für die Erfüllung der Aufgabe des Sitzeinstellens im normalen, störungsfreien Betrieb nicht zwingend erforderlich.

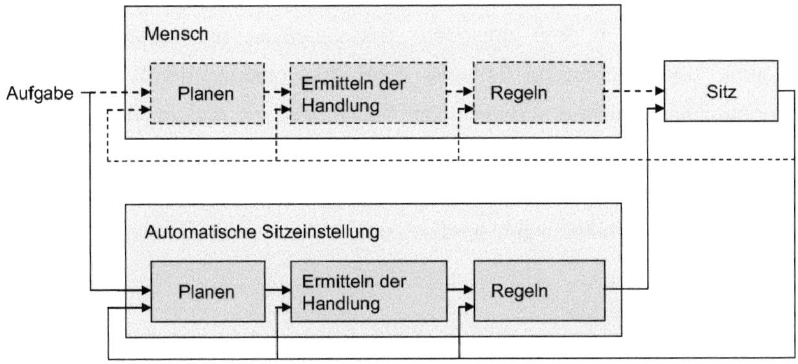

Abbildung 2-2 Strukturdiagramm des Sitzeinstellens bei automatischer Sitzeinstellung

Ein Assistenzsystem kann sich auch darauf beschränken, den Nutzer bei den Teilaufgaben des Planens und der Ermittlung der Handlung zu unterstützen. Anhand von Sensorwerten werden nötige Handlungen berechnet und dem Nutzer angezeigt. Das Assistenzsystem benötigt Sensoren und eine Berechnungseinheit, sowie eine Anzeige zur Visualisierung der nötigen Einstellungen. Das Strukturdiagramm dieser im Folgenden als *assistierte Sitzeinstellung* bezeichneten Variante ist in Abbildung 2-3 dargestellt.

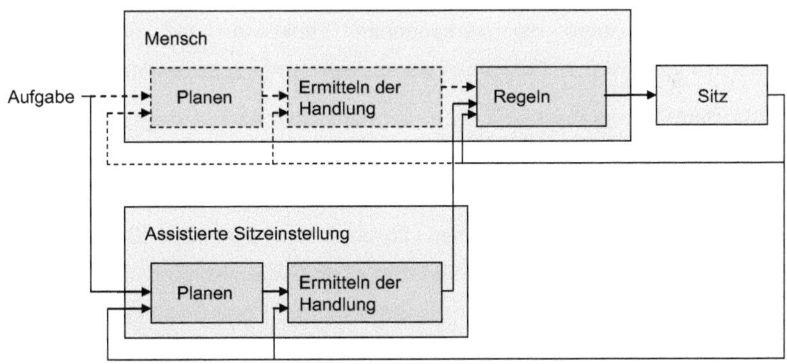

Abbildung 2-3 Strukturdiagramm des Sitzeinstellens bei assistierter Sitzeinstellung

Ein Assistenzsystem mit sehr geringem Assistenzgrad versorgt den Nutzer mit Allgemeinen Informationen, die ihm bei der Sitzeinstellung helfen. In Form eines *Tutorials* können Hinweise zur komfortablen und sicheren Sitzeinstellung vermittelt werden. Das Assistenzsystem hilft dem Nutzer, seine eigene Wahrnehmung zu interpretieren und in eine geeignete Sitzeinstellung umzusetzen. Ein *Tutorial* verwendet keine technische Sensorik. Eine Rückmeldung durch den Sitz ist zur Aufgabenerfüllung nicht erforderlich. Der Nutzer setzt die Allgemeinen Informationen der Anleitung entsprechend seiner eigenen sensorischen Wahrnehmung während des Sitzeinstellens um. Die Hinweise können den Nutzer bei den Teilaufgaben des Planens und des Ermittelns der Handlung unterstützen (siehe Abbildung 2-4).

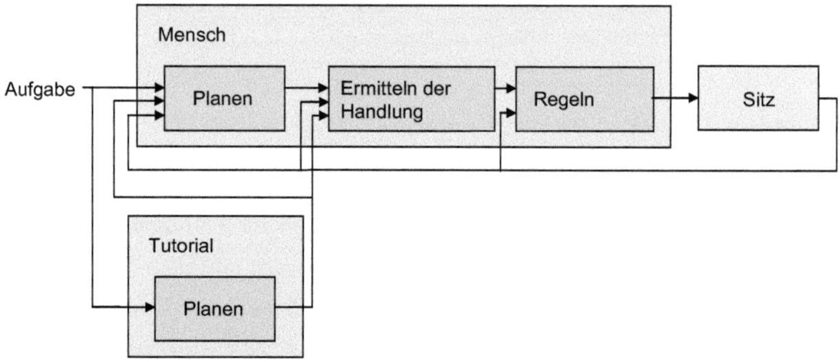

Abbildung 2-4 Strukturdiagramm des Sitzeinstellens mit Unterstützung durch ein Tutorial

Assistenzsysteme unterscheiden sich nicht nur im Assistenzgrad, sondern auch darin, welchen Anteil der vorhandenen Funktionen sie abdecken. Diese Charakterisierung wird im Folgenden als Assistenzumfang bezeichnet.

Der Assistenzumfang lässt sich nach den durch das Assistenzsystem abgedeckten Sitzeinstellfunktionen und nach den Aspekten des Sitzkomforts einteilen. Ein Assistenzsystem kann für alle Sitzeinstellfunktionen eine Einstellung vornehmen, oder sich auf einzelne Funktionen beschränken. Von den Dimensionen des Sitzkomforts werden die Druckverteilung und die Körperhaltung durch die Sitzeinstellung beeinflusst. Von Druckverteilung und Körperhaltung nicht abgedeckt ist die Einstellung der Kopfstütze. Diese richtet sich vorwiegend nach Aspekten der Fahrzeugsicherheit. Um die Akzeptanz von vollständigen Assistenzsystemen zur Sitzeinstellung bewerten zu können, wird die Einstellung der Kopfstütze berücksichtigt. Die Optimierung der Sicherheit liegt allerdings nicht im primären Fokus dieser Arbeit.

Die beiden Aspekte Assistenzgrad und Assistenzumfang sind als unabhängig voneinander zu betrachten. Ein Beispiel einer extremen Ausprägung ist ein Assistenzsystem zur automatischen Einstellung der Sitzflächenneigung, bei welchem die übrigen Sitzfunktionen manuell vom Nutzer eingestellt werden. Ein weiteres Beispiel ist ein *Tutorial* mit einer Anleitung zu allen Sitzeinstellfunktionen des Sitzes. Ein hoher Assistenzgrad muss nicht mit einem hohen Assistenzumfang verbunden sein.

Fahrerassistenzsysteme werden in der Literatur hinsichtlich des Automatisierungsgrades charakterisiert. Dieser beschreibt den Übergang von manueller bis vollautomatisierter Mensch-Maschine-Interaktion (Hakuli et al., 2009). Eine detaillierte Beschreibung der Automation findet sich bei Parasuraman et al. (2000). Die Autoren unterscheiden die Aspekte Informationsaufnahme, Informationsanalyse, Entscheidungsauswahl und Aktionsimplementierung. Der Aspekt Assistenzumfang wird bei diesen Modellen jedoch nicht separat betrachtet.

Mit der differenzierten Betrachtung von Assistenzgrad und Assistenzumfang in dieser Arbeit wird die Charakterisierung des Automatisierungsgrades in diese zwei Dimensionen aufgeteilt, um so den Einfluss dieser beiden Aspekte auf die Sitzeinstellung zu untersuchen.

2.3 Zieldefinition und Vorgehensweise

Der Schwerpunkt der Sitzentwicklung lag bisher vorwiegend in der technischen Optimierung der Sitze. Die Einflussnahme der Fahrzeughersteller auf den Sitzkomfort endete damit mit der Übergabe des Fahrzeugs an den Kunden. Auf diese Weise wird allerdings nur das Potenzial eines Sitzes definiert. Der Sitzkomfort wird in hohem Maße durch die Sitzeinstellung beeinflusst, auch ein optimal entwickelter Sitz kann bei ungünstiger Einstellung Diskomfort hervorrufen.

Erste Ideen und auch Systeme zur Unterstützung bei der Sitzeinstellung existieren, wenn auch erst wenige Systeme tatsächlich realisiert und evaluiert wurden. Nicht untersucht wurde bisher die Frage nach einer optimalen Ausprägung eines solchen Assistenzsystems. Ziel dieser Arbeit ist es, die ideale Realisierung für ein Assistenzsystem zur Optimierung des Sitzkomforts zu bestimmen. Betrachtet werden dabei sowohl Nutzen als auch Aufwand. Der Nutzen lässt sich in objektive und subjektive Aspekte unterteilen. Objektiv soll entsprechend des Literaturüberblicks eine hinsichtlich Druckverteilung und Körperhaltung ideale Sitzeinstellung erreicht werden. Außerdem sollen die Grundanforderungen der Fahrzeugsicherheit berücksichtigt werden. Subjektiv soll eine Sitzeinstellung mit minimalem Diskomfort erzielt und ein System entwickelt werden, das sich durch eine hohe Akzeptanz auszeichnet. Der Einfluss von Assistenzgrad und Assistenzumfang auf den Sitzkomfort, die Akzeptanz und die Sicherheit wird in einer Probandenuntersuchung analysiert.

Aus den möglichen Kombinationen von Assistenzgrad und Assistenzumfang werden vier Varianten zur weiteren Entwicklung und Bewertung ausgewählt:

- ***Vollautomatische Sitzeinstellung***:
  automatische Optimierung von Körperhaltung und Druckverteilung, inklusive automatische Kopfstützeneinstellung
- ***Automatische Komfortoptimierung***[5]***:***
  manuelle Grundeinstellung, automatische Optimierung der Druckverteilung, inklusive automatische Kopfstützeneinstellung
- ***Assistierte Komfortoptimierung***[5]***:***
  manuelle Grundeinstellung, Anzeige zur Optimierung der Druckverteilung
- ***Tutorial zur Sitzeinstellung***:
  allgemeine Hinweise zur manuellen Sitzeinstellung

Die *vollautomatische Sitzeinstellung* übernimmt die automatische Einstellung aller Sitzfunktionen vollständig und zeichnet sich demnach durch hohen Assistenzgrad und -umfang aus. Ein Sensorsystem bestimmt die Körperhaltung beziehungsweise die Körpermaße des Insassen sowie die Druckverteilung und optimiert die Einstellung der Sitzfunktionen. Die *automatische Komfortoptimierung* deckt nur einen Teil der Sitzfunktionen ab und weist daher einen geringeren Assistenzumfang auf. Der Assistenzgrad der *assistierten Komfortoptimierung* ist aufgrund der nicht vorhandenen Automatisierung geringer. Das *Tutorial* berücksichtigt alle Sitzfunktionen, besitzt dabei aber einen sehr geringen Assistenzgrad. Die

[5] Der Schwerpunkt dieser Arbeit ist die Reduzierung des Diskomforts. Der Begriff Komfortoptimierung wird entsprechend des Begriffes Sitzkomfort als allgemein verständlicher Oberbegriff verwendet.

Ausprägungen der beschriebenen Varianten hinsichtlich des Assistenzumfangs und Assistenzgrades sind in Abbildung 2-5 schematisch dargestellt.

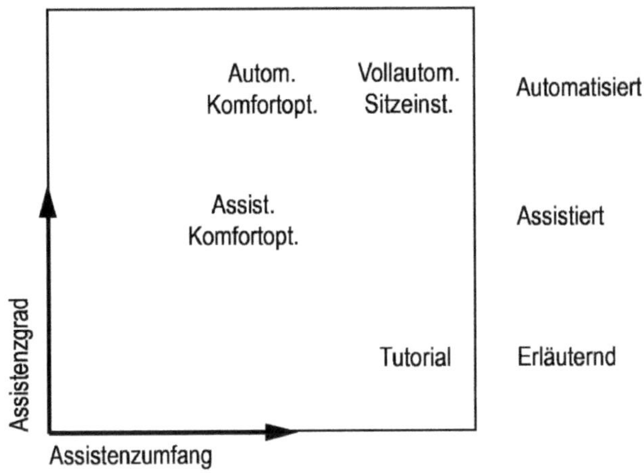

Abbildung 2-5 Assistenzgrad und -umfang der Assistenzsysteme

Vollautom. Sitzeinst.: Vollautomatische Sitzeinstellung, Tutorial: Tutorial zur Sitzeinstellung
Autom. / Assist. Komfortopt.: Automatische / Assistierte Komfortoptimierung

Die Entwicklung der Assistenzsysteme zur Sitzeinstellung wird in Kapitel 3 vorgestellt. Zunächst werden die Zusammenhänge zwischen Sitzeinstellung und Druckverteilung beziehungsweise Körperhaltung in Abschnitt 3.1 näher untersucht. In Abschnitt 3.2 wird eine geeignete Reihenfolge für die Sitzeinstellfunktionen entworfen. Abschnitt 3.3 beschreibt die Entwicklung der *vollautomatischen Sitzeinstellung*, der *automatischen Komfortoptimierung* und der *assistierten Komfortoptimierung*, die eine optimale Sitzeinstellung anhand eines Sensorsystems nach objektiven Kriterien berechnen. Abschnitt 3.4 stellt das *Tutorial zur Sitzeinstellung* vor. Die entwickelten Systeme werden in Kapitel 4 in einer Probandenuntersuchung hinsichtlich ihrer Wirkung auf den Diskomfort, die Druckverteilung, die Körperhaltung, die Sicherheit und die Akzeptanz bewertet. Aus den Ergebnissen der Untersuchung wird in Kapitel 5 ein Modell zum Einfluss des Assistenzgrads und -umfangs entwickelt. In Kapitel 6 wird eine Empfehlung für ein optimales Assistenzsystem zur Sitzeinstellung vorgestellt. Kapitel 7 fasst die Ergebnisse der Arbeit zusammen.

3 Entwicklung der Assistenzsysteme

3.1 Einfluss der Sitzeinstellung auf den Sitzkomfort

Mit einem Assistenzsystem zur Sitzeinstellung soll der Sitzkomfort nach objektiven Gesichtspunkten optimiert werden. Diese Optimierung erfolgt durch die Sitzeinstellung. Daher werden zunächst die Zusammenhänge der Sitzeinstellfunktionen mit der Körperhaltung und der Druckverteilung näher untersucht.

3.1.1 Beeinflussung der Körperhaltung durch die Sitzeinstellung

Die Körperhaltung wird anhand der Hauptgelenke betrachtet. Die Sitzlängs- und die Sitzhöheneinstellung bestimmen die Lage des Gesäßes im Fahrzeug. Über die Kontaktpunkte der Füße beeinflussen diese die Winkel der Knie- und Fuß- und Hüftgelenke. Die Sitzlängs- und die Sitzhöheneinstellung wirken sich außerdem auf die Lage des Oberkörpers aus. Über den Kontakt zwischen den Händen und dem Lenkrad beeinflussen sie die Winkel der Schulter- und Ellbogengelenke. Die Lehnenneigungseinstellung verändert die Neigung des Oberkörpers und damit die Winkel der Hüftgelenke sowie die Winkel der Schulter- und Ellbogengelenke. Die Lenkradlängseinstellung wirkt sich auf die Schulter- und Ellbogengelenkwinkel aus. Die Höheneinstellung des Lenkrads beeinflusst die Stellung des Schultergelenks. Die Sitzflächenneigungseinstellung übt im Allgemeinen keinen direkten Einfluss auf die Körperhaltung aus. Sie verändert bei Verstellung nur die Unterstützung der vorderen Oberschenkel. In einigen technischen Realisierungen beeinflusst die Sitzflächenneigungseinstellung auch geringfügig die Höhenposition. Die Lehnenkopfeinstellung und die Lordosenweiteneinstellung wirken sich auf die Form der Wirbelsäule aus. Allerdings wird die Form der Wirbelsäule auch im erheblichen Maße vom Insassen selbst definiert.

Die Körperhaltung wird damit vorwiegend durch die Sitzlängs-, die Sitzhöhen- und die Lehnenneigungseinstellung bestimmt. Die Einstellung des Lenkrads wirkt sich ebenfalls auf die Körperhaltung aus.

3.1.2 Beeinflussung der Druckverteilung durch die Sitzeinstellung

Die Sitzeinstellung beeinflusst neben der Körperhaltung auch die Druckverteilung. Zenk (2008) untersuchte den Zusammenhang zwischen Druckverteilung und Sitzeinstellung auf einem Versuchssitz. Er erfasste die Druckverteilung dabei mit im Sitz integrierten Sensoren und setzte damit die Änderungen der Druckverteilung in Relation zur Geometrie des Sitzes. Betrachtet wurden Sitzlängs-, Sitzhöhen-, Sitzneigungs-, Lehnenneigungs-, Sitztiefen-, Lehnenkopf- und Lehnenbreiten-einstellung. Den größten Einfluss üben nach Zenk (2008) Sitzhöheneinstellung, Sitzneigungseinstellung und Lehnenneigungseinstellung aus.

Die Änderung der Druckverteilung bezieht sich in der Untersuchung von Zenk (2008) nicht auf den menschlichen Körper. Deshalb wurden seine Versuche im Rahmen der vorliegenden Arbeit um eine Untersuchung zur Auswirkung der Sitzeinstellung auf die körperbezogene Druckverteilung ergänzt. Dazu wurde in einem Mockup eine Probandenuntersuchung an einem Audi A8 (D4) Multikontursitz durchgeführt. Für die Druckmessungen wurden mflex Druckmessmatten von RSscan International mit einer Auflösung von je 32 x 32 Sensoren verwendet. Der Messbereich der Sitzflächenmatte betrug 500 x 500 mm, der Messbereich der Lehnenmatte 500 x 700 mm. An der Untersuchung nahmen 18 Versuchspersonen teil. Die Probanden führten zunächst eine individuelle Einstellung von Sitz und Lenkrad durch. Diese wurde anschließend vom Versuchsleiter hinsichtlich der Zielwerte der idealen Druckverteilung von Mergl (2006) optimiert und als Basis für die folgenden Sitzeinstellungen verwendet. Vom Versuchsleiter wurden die Sitzeinstellfunktionen schrittweise verändert und jeweils die Druckverteilung aufgenommen. Die Lehnenkopfeinstellung, die Lordosenhöhen- und Lehnenweiteneinstellung, die Sitztiefen- und Sitzflächenneigungseinstellung wurden jeweils im gesamten Verstellfeld in vier bis zehn Stellungen untersucht. Für die Sitzlängseinstellung wurden aus der Basiseinstellung fünf Sitzeinstellungen nach vorne und zwei nach hinten mit einer Schrittweite von 10 mm durchgeführt. Die Sitzhöheneinstellung wurde in 5 mm Schritten zweimal nach unten und viermal nach oben verändert. Die Lehnenneigungseinstellung wurde in Schritten von einem Grad dreimal nach vorne und dreimal nach hinten verändert. Alle Sitzeinstellfunktionen wurden in beide Verstellrichtungen durchlaufen. Die prozentualen Lastverteilungen wurden bezogen auf die Bodymap nach Hartung (2006) berechnet und über alle Versuchspersonen gemittelt. Für symmetrische Körperbereiche wurde der Mittelwert betrachtet.

Es zeigten sich kontinuierliche Verläufe ohne größere Unterschiede zwischen den beiden Bewegungsrichtungen. Für alle Sitzeinstellungen wurde in jedem Körperbereich die Differenz der prozentualen Lastwerte in den beiden Extremstellungen (z. B. Sitzlängseinstellung vorne und hinten) berechnet und auf die Werte der mittleren Einstellung bezogen. Dies gibt an, wie stark die prozentuale Last im Körperbereich durch die jeweilige Sitzeinstellfunktion beeinflusst werden kann. Tabelle 3-1 gibt die Ergebnisse der Untersuchung an. Der Tabelle kann entnommen werden, mit welchen Sitzeinstellfunktionen die prozentuale Last in einem Körperbereich angepasst werden kann. Beispielsweise ändert sich die prozentuale Last in den vorderen Oberschenkeln bei Sitzlängs-, Sitzhöhen-, Sitzflächenneigungs- und Sitztiefeneinstellung. Die Tabelle zeigt außerdem, dass die Sitzlängs- und Sitzhöheneinstellung nicht nur einen starken Einfluss auf die Körperhaltung ausüben, sondern auch auf die Druckverteilung. Dies ist bei der Abfolge der Sitzeinstellungen zu beachten um Iterationsschleifen zu vermeiden.

Tabelle 3-1 Einfluss der Sitzeinstellung auf die prozentuale Lastverteilung

	Sitzlängs-position	Sitzhöhe	Lehnen neigung	Sitzflächen neigung	Sitztiefe	Lehnen kopf	Lordosen weite	Lordosen höhe
Schultern	1	0	1	2	0	2	3	0
Oberer Rücken	1	1	1	0	0	1	0	1
Unterer Rücken	1	0	0	1	0	0	3	0
Beckenkamm	3	3	1	0	1	0	3	3
Seitlicher Rücken	0	3	1	1	0	0	2	0
Gesäß	2	0	0	2	0	0	0	0
Mittlere Oberschenkel	2	0	0	2	1	0	0	0
Vordere Oberschenkel	4	2	0	4	2	0	0	0
Seitliche Oberschenkel	1	2	0	2	0	0	0	0

0	kein Zusammenhang	0-10 %	
1	geringer Zusammenhang	10-25 %	relative Änderung der prozentualen Last bei vollständiger Verstellung im untersuchten Verstellbereich
2	mittlerer Zusammenhang	25-50 %	
3	starker Zusammenhang	50-100 %	
4	sehr starker Zusammenhang	> 100 %	

3.2 Reihenfolge des Sitzeinstellens

Ein Assistenzsystem sollte sich möglichst am gewohnten Vorgehen der Nutzer bei der Sitzeinstellung orientieren. Zenk (2008) führte eine Literaturrecherche nach empfohlenen Reihenfolgen zur Sitzeinstellung durch. Betrachtet wurden Empfehlungen deutscher Automobil- und Sitzhersteller sowie des ADAC. Aus den vorgeschlagenen Reihenfolgen leitete Zenk (2008) folgende Gemeinsamkeiten ab: Begonnen wird meist mit Sitzlängseinstellung, gefolgt von der Sitzhöheneinstellung und der Sitzflächenneigung und schließlich der Lehnenneigungseinstellung. Danach folgen die Sonderausstattungen Lehnenkopf-, Seitenwangen- und Sitztiefeneinstellung. Abgeschlossen wird mit der Kopfstützeneinstellung.

Diese Literaturanalyse wurde in der vorliegenden Arbeit um eine empirische Untersuchung zum Vorgehen der Nutzer bei der Sitzeinstellung ergänzt. Ziel war die Erfassung der Vorgehensstrategien unabhängig vom Bedienkonzept des Sitzes. Dazu wurden drei Versuchsreihen in unterschiedlichen Fahrzeugen durchgeführt: Manuelle Sitzeinstellung in einem VW Golf IV, elektrische Sitzeinstellung in einem BMW 6er und Sitzeinstellung mit mündlichen Kommandos des Insassen in einem BMW 7er. Die Sitzeinstellung wurde jeweils aus einer einheitlichen hinteren, unteren Sitzeinstellung gestartet. Die Einstellung anhand freier mündlicher Kommandos wurde angewendet, um eine Beeinflussung durch das komplexe Bedienkonzept des verwendeten Multikontursitzes zu vermeiden. Die Sitzeinstellfunktionen wurden den Versuchspersonen jeweils zu Beginn des Versuchs vorgeführt. An jeder der drei Versuchsreihen nahmen 24 Versuchspersonen teil. Anhand von Notizen und Filmaufnahmen wurde für jeden Probanden die vorgenommene Reihenfolge der Sitz- und Lenkradeinstellung erfasst. Diese wurde zunächst um Wiederholungen der einzelnen Sitzeinstellungen bereinigt, das heißt es wurde für jede Sitzeinstellfunktion jeweils nur die erste Betätigung gewertet. Für jede Sitzeinstellfunktion wurde dann in jeder Versuchsreihe der Mittelwert aus den Rängen aller Probanden gebildet. Wurde eine Sitzeinstellfunktion von einer Versuchsperson nicht genutzt, so wurde sie für diese Funktion bei der Mittelwertberechnung nicht mit einbezogen.

Tabelle 3-2 zeigt die mittleren Rangfolgen. Die Versuchsreihen liefern relativ ähnliche Reihenfolgen mit nur geringen Verschiebungen. Abweichungen sind vor allem bedingt durch eine unterschiedliche Anzahl der verfügbaren Sitzeinstellfunktionen.

Tabelle 3-2 Rangfolgen der Sitzeinstellung in der Probandenuntersuchung

Sitzeinstellfunktion	Golf IV	BMW 6er	BMW 7er
Sitzlängs	1	1	1
Sitzhöhe	2	2	4
Sitzneigung	-	3	2
Sitztiefe	-	8	8
Lehnenneigung	3	4	3
Lordosenstütze	7	9	10
Lehnenkopf	-	-	6
Seitenwangen Lehne	-	-	9
Kopfstützenhöhe	4	5	7
Kopfstützenneigung	6	7	-
Lenkrad	4	6	5

Funktionen ohne Rangnummer waren im Versuchssitz nicht vorhanden.

Aus den Literaturempfehlungen, den drei Versuchsreihen zum Vorgehen der Nutzer bei der Sitzeinstellung und den Betrachtungen zum Einfluss der Sitzeinstellung auf Körperhaltung und Druckverteilung wird eine geeignete Reihenfolge abgeleitet. Die Sitzeinstellung beginnt mit der Sitzlängseinstellung, gefolgt von der Sitzhöheneinstellung. Anschließend wird die Lehnenneigung eingestellt. Vor der Einstellung der Sitzflächenneigung ist die Sitztiefe einzustellen. Beide Sitzeinstellfunktionen wirken sich auf die prozentuale Last in den vorderen Oberschenkeln aus. Allerdings ist die Einstellung der Sitztiefe anthropometrisch bedingt und wird daher nicht zur Regelung der Oberschenkelunterstützung verwendet. Es folgt die Einstellung des Lenkrads. Als nächstes wird der Lehnenkopf eingestellt. Nach dem Lehnenkopf kann die Optimierung der Druckverteilung im Rücken mit der Einstellung der Lordosenstütze fortgesetzt oder die Einstellung der oberen Lehne mit Kopfstützeneinstellung abgeschlossen werden. Anschließend erfolgt die Einstellung der Seitenwangen. Ein Vorgehen in der beschriebenen Reihenfolge trägt zur Akzeptanz eines Assistenzsystems bei und hilft Nachkorrekturen bereits eingestellter Funktionen zu vermeiden.

3.3 Automatische und assistierte Sitzeinstellung

Die Varianten der *vollautomatischen Sitzeinstellung*, der *automatischen* und der *assistierten Komfortoptimierung* beruhen auf der Messung objektiver Parameter und der Steuerung beziehungsweise Regelung der Sitzeinstellung zur Erreichung einer optimalen Sitzeinstellung. Die Konzepte sind untereinander ähnlich. Die Entwicklung der Systeme wird daher gemeinsam vorgestellt.

3.3.1 Konzeptentwicklung

Für eine automatische und assistierte Sitzeinstellung sind drei Teilsysteme erforderlich. Das erste Teilsystem sorgt für eine Optimierung der Körperhaltung. Das zweite Teilsystem dient der Optimierung der Druckverteilung. Das dritte Teilsystem nimmt eine Optimierung der Kopfstützeneinstellung vor. Diese drei Teilsysteme stellen den vollständigen Umfang der Sitzkomfortoptimierung dar, der für die *vollautomatische Sitzeinstellung* zu realisieren ist. Diese Variante berücksichtigt alle heute bekannten Sitzeinstellfunktionen. Die *automatische Komfortoptimierung* umfasst die automatische Optimierung der Druckverteilung und die automatische Einstellung der Kopfstütze. Die *assistierte Komfortoptimierung* enthält das Teilsystem zur Optimierung der Druckverteilung, regelt die Sitzeinstellung aber nicht automatisch, sondern zeigt dem Nutzer die nötigen Sitzeinstellungen an.

Für die Optimierung der Körperhaltung sind zwei grundsätzliche Methoden möglich (vergleiche Abschnitt 1.4). Einerseits kann die Körperhaltung des Insassen mittels Sensorik erfasst und die Gelenkwinkel mit Komfortwinkeln verglichen werden. Abweichungen werden durch Sitzeinstellungen beseitigt. Andererseits kann die Anthropometrie des Insassen gemessen und darauf aufbauend eine haltungs-optimale Sitzeinstellung ermittelt werden. Für die erste Variante ist eine fahrzeug-integrierte Sensorik zur Erfassung der Körperhaltung erforderlich. Erfahrungen bei der Aufnahme der Körperhaltung in einem Fahrzeug zur Haltungsanalyse zeigen, dass eine Erfassung der relevanten Körperteile mit einem vollständig im Innenraum integrierten System für ein breites Nutzerkollektiv aufgrund der zahlreichen Verdeckungen nur unter großem Aufwand möglich ist. Daher wird die zweite Variante umgesetzt. Nach einer Bestimmung der Anthropometrie, erfolgt die Einstellung der Grundfunktionen (Sitzlängs-, Sitzhöhen- und Lehnenneigungseinstellung) anhand eines Haltungsmodells.

Die Optimierung der Druckverteilung beruht auf einer kontinuierlichen Messung der Druckverteilung. Auf Basis der ermittelten Lastverteilung wird eine Regelung der Komfortfunktionen durchgeführt (Sitztiefen-, Sitzflächenneigungs-, Lehnenkopf-,

Lordosen- und Seitenwangeneinstellung). Die Druckverteilung wird auch durch die Einstellung der Grundfunktionen beeinflusst. Diese werden allerdings für die Optimierung der Druckverteilung nicht herangezogen, um die anthropometrisch angepasste Einstellung beziehungsweise die individuelle Grundeinstellung des Nutzers nicht zu beeinträchtigen.

Die Einstellung der Kopfstütze richtet sich nach der Kopfposition des Insassen. Die Kopfposition ist vor allem abhängig von der individuellen Haltung. Eine rein anthropometrische Einstellung ist damit nicht möglich. Eine Sensorkopfstütze führt eine Regelung der Kopfstütze in eine objektiv optimale Relativposition durch.

Das Assistenzsystem besitzt außerdem eine Mensch-Maschine-Schnittstelle. Bei den automatischen Varianten des Assistenzsystems wird der Nutzer über die aktuellen Vorgänge der Sitzeinstellung informiert. Im Falle der assistierten Variante dient die Schnittstelle zur Visualisierung der erforderlichen Einstellvorgänge, die vom System ermittelt werden und durch den Nutzer auszuführen sind.

Abbildung 3-1 stellt exemplarisch das Konzept der *vollautomatischen Sitzeinstellung* grafisch dar.

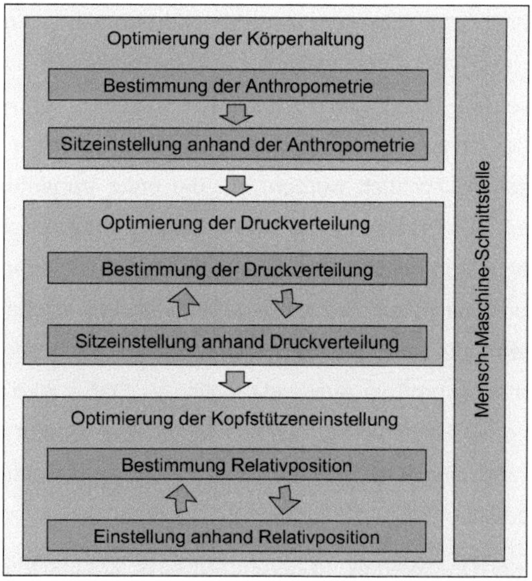

Abbildung 3-1 Konzept der vollautomatischen Sitzeinstellung

3.3.2 Optimierung der Körperhaltung

Für die Optimierung der Körperhaltung werden zunächst die relevanten Körpermaße bestimmt. Mit diesen Maßen werden basierend einer Haltungssimulation mit dem Menschmodell RAMSIS eine geeignete Körperhaltung und die dazugehörige Sitz- und Lenkradposition ermittelt.

3.3.2.1 Konzepte zur Bestimmung der Anthropometrie

Relevant für die Haltungssimulation ist nicht nur die Körperhöhe, sondern auch die Proportion des Insassen (Aufteilung des Körpers in Oberkörper und Beine). Eine Prognose kann unter anderem anhand von Körperhöhe und Stammlänge erfolgen. Eine Kombination aus Stammlänge und Beinlänge ist beispielsweise ebenfalls möglich. Die Erfassung der Körpermaße kann zeitlich entkoppelt außerhalb des Fahrzeugs, direkt neben dem Fahrzeug oder im Fahrzeug erfolgen.

Körpermaßbestimmung mit externem Messsystem

Eine Messung kann bei Fahrzeugübergabe oder als spätere Serviceleistung in den Händlerniederlassungen erfolgen. Dabei ist eine manuelle Messung oder auch eine Messung mittels eines 3D-Körperscanners möglich. Auf diese Weise können sowohl anthropometrische Körpermaße nach DIN 33402 als auch Körpermaße in einer Körperhaltung im Fahrzeugsitz aufgenommen werden. Vorteil einer externen Messung ist, dass im Fahrzeug keine Messsensorik erforderlich ist. Der Nutzerkreis des Systems wird damit allerdings auf im Vorfeld vermessene Personen beschränkt.

Der Nutzer könnte seine Körpermaße auch selbst über eine Schnittstelle eingeben. Allerdings können im Alltag ungebräuchliche Maße wie die Stammlänge dann nicht oder nur sehr ungenau erfasst werden, da die Bestimmung solcher Maße bei Laien von einer erhöhten Ungenauigkeit geprägt ist.

Körpermaßbestimmung neben dem Fahrzeug

Werden die Körpermaße bei Annäherung des Nutzers an das Fahrzeug mit einem fahrzeugintegrierten System erfasst, so besteht die Möglichkeit, die Sitzeinstellung bereits vor dem Einstieg vorzunehmen - beziehungsweise zunächst eine einstiegs-optimierte Sitzeinstellung anzufahren.

Die Körperhöhe kann relativ genau bestimmt werden, beispielsweise mit einem Kamerasystem. Die Proportionen lassen sich jedoch nur sehr ungenau ermitteln. Verdeckungen durch Gegenstände in der Umgebung und durch die Bekleidung sowie ungünstige Lichtverhältnisse reduzieren die Genauigkeit erheblich. Eine prozesssichere Bestimmung der Proportionen ist mit realistischem Aufwand nicht zu erwarten.

Körpermaßbestimmung im Fahrzeug

Im Folgenden werden geeignete Sensorkonzepte zur Bestimmung von Stammlänge und Beinlänge im Fahrzeug mit einem fahrzeugintegriertem System vorgestellt. Dabei werden aus monetären Gründen einer industriellen Realisierbarkeit nur Systeme betrachtet, bei denen kein zusätzlicher Sensorbedarf besteht beziehungsweise Synergien zu anderen Systemen möglich sind.

Bestimmung der Stammlänge mittels Kamerasystem

Die Stammlänge kann aus der Position des Kopfes und der Sitzposition bestimmt werden. Die Kopfposition lässt sich mit einem Kamerasystem erfassen. Werden zwei Kameras verwendet, so kann der Abstand des Kopfes aus den beiden Kamerabildern berechnet werden. Bei vergleichbaren Systemen wird aus Kostengründen nur eine Kamera verwendet; die Entfernung wird aus dem im Bild erfassten Augabstand abgeschätzt. Aufgrund der Variation des menschlichen Augabstandes ergibt sich eine Ungenauigkeit in der Bestimmung der Entfernung des Kopfes von der Kamera. Abhängig vom Kamerawinkel resultieren Ungenauigkeiten in vertikaler und horizontaler Koordinatenrichtung.

Der Adaptionsaufwand eines Kamerasystems zur Bestimmung der Stammlänge ist gering, die relativ hohen Einzelkosten könnten möglicherweise durch Synergien mit weiteren Systemen kompensiert werden, beispielsweise mit Systemen zur Überwachung der Fahreraufmerksamkeit (vergleiche Trefflich, 2010).

Bestimmung der Stammlänge mittels kapazitiver Sensoren in der Kopfstütze

Werden in der Kopfstütze kapazitive Sensoren integriert, so kann aus den Messwerten der Sensoren die relative Position des Kopfes berechnet werden. Derartige Systeme befinden sich derzeit für eine automatische Kopfstützeneinstellung in der Entwicklung.

Über Elektroden wird ein elektrisches Wechselfeld erzeugt, das durch den Kopf des Insassen verändert wird. Der Kopf wirkt dabei einerseits als Dielektrikum, andererseits wird ein Teil des Feldes durch den Körper abgeleitet. Befinden sich mindestens zwei Sensoren in der Kopfstütze, so kann über die Änderung des elektrischen Feldes die Relativposition des Kopfes bestimmt werden. Durch Regelung der Verstellbewegung anhand der Messwerte kann die Kopfstütze in eine geeignete relative Lage zum Kopf bewegt werden. Vorteil einer solchen Methode ist, dass damit zugleich eine Möglichkeit zur sicherheitsoptimalen Einstellung der Kopfstütze geschaffen ist.

Beinlängenbestimmung mittels Kamerasystem

Mit einem Kamerasystem lässt sich die Kontur des Beines oder die Lage des Knies erfassen, aus der die Beinlänge bestimmt werden kann. Der Entwicklungsaufwand der Bildauswertung ist für die Beinlängenbestimmung relativ hoch. Bei der Positionierung der Kamera ist auf eine geeignete Perspektive zu achten, aus welcher für das komplette anthropometrische Nutzerkollektiv eine verdeckungsfreie Aufnahme möglich ist.

Druckbasierte Beinlängenbestimmung

Drucksensoren können zusammen mit einer geometrischen Auswertung ebenfalls zur Bestimmung der Beinlänge verwendet werden. Aus der Druckverteilung lässt sich der Winkel zwischen Sitzfläche und Oberschenkel ermitteln, der zusammen mit der Neigung der Sitzfläche den Raumwinkel des Oberschenkels bestimmt.

Befindet sich der Sitz in einer geeigneten Grundeinstellung, so liegen bei einer normalen Fahrhaltung die Füße an den Pedalen. Diese Grundposition kann entweder vom Nutzer erzeugt werden, oder anhand einer vorausgehenden Stammlängenmessung über die Abschätzung einer wahrscheinlichen Beinlänge eingestellt werden. Damit ist die Lage der Füße des Insassen bekannt. Die Lage des Hüftgelenks kann durch die Position des Sitzes ebenfalls näherungsweise berechnet werden. An das Hüftgelenk wird der Oberschenkel mit Hilfe des aus der Druckverteilung bestimmten Raumwinkels angetragen. Wird vereinfacht eine feste Korrelation zwischen Oberschenkel und Unterschenkel angenommen, so kann auf der Oberschenkelgerade der Kniepunkt angetragen und daraus die Beinlänge ermittelt werden.

Die Vorteile einer druckbasierten Beinlängenbestimmung liegen darin, dass auf das Messsystem zur Bestimmung der Druckverteilung zurückgegriffen werden kann.

Zusammenfassung

Eine externe Bestimmung der Körpermaße lässt sich ohne große Entwicklungsarbeit realisieren und ist mit relativ geringen Kosten verbunden. Jedoch wird der Nutzerkreis bei externer Körpermaßbestimmung stark eingeschränkt.

Eine Bestimmung der Körpermaße noch vor dem Einstieg in das Fahrzeug bietet Potenzial für eine automatische Vorpositionierung. Allerdings ist eine Bestimmung der Proportionen nicht oder nur ungenau möglich. Daher kann auf diese Weise eine vollständige Optimierung der Körperhaltung nicht erfolgen.

Mit Sensoren im Innenraum können Stammlänge und Beinlänge fahrzeugintegriert bestimmt werden. Die Stammlänge des Insassen kann anhand der Kopfposition ermittelt werden. Die Verwendung von Kameras ist mit erhöhten Kosten verbunden. Eine kapazitive Sensorik in der Kopfstütze ermöglicht nicht nur die Messung der Stammlänge, sondern auch die automatische Einstellung der Kopfstütze. Die Beinlänge lässt sich unter Einsatz eines Kamerasystems bestimmen. Allerdings verursacht ein solches System hohe Kosten und unterliegt Störungen durch Sichtverdeckungen. Die Beinlänge kann außerdem ohne zusätzliche Kosten aus den Messungen des sitzintegrierten Messsystems zur Optimierung der Druckverteilung prognostiziert werden. Fahrzeugintegrierte Systeme können jedem Nutzer eine automatische Sitzeinstellung ermöglichen.

3.3.2.2 Entwicklung der Körpermaßbestimmung

Der Einsatz zusätzlicher Sensorik ist mit teils hohen Kosten verbunden. Hinsichtlich eines industrialisierbaren Systems für den Einsatz bei einem breiten Nutzerkollektiv sind hohe Kosten zu vermeiden. In der vorliegenden Arbeit wurden zwei alternative Lösungen implementiert. Zum einen können extern ermittelte Körpermaße in das System eingegeben werden. Zum anderen können die Körpermaße mit einem sitzintegrierten Messsystem bestimmt werden (siehe Günzkofer, 2008; Kremser, 2009; Huber, 2009). Die Stammlänge wird mit einer kapazitiven Sensorik in der Kopfstütze bestimmt. Die Beinlänge wird anhand der Sitzeinstellung und der Druckverteilung ermittelt.

Die Bestimmung der Beinlänge durch das sitzintegrierte Messsystem wurde mit Referenzmessungen mit einem 3D-Koordinatenmessgerät verglichen. Die Standardabweichung der Differenz zwischen den beiden Messarten beträgt 16 mm. Die Genauigkeit der Kopfstütze bei der Bestimmung der Kopfposition wurde manuell überprüft. Dabei wurde in vertikaler Richtung eine Standardabweichung von 19 mm bestimmt. In Einzelfällen traten erhebliche Abweichungen auf. Nach mehreren iterativen Entwicklungsschleifen zeigte sich, dass bei einigen Personen mit extremen Proportionen oder Haltungen eine zuverlässige Bestimmung der Anthropometrie nur eingeschränkt möglich ist. Außerdem können Bewegungen der Nutzer während der Messvorgänge zu Messfehlern führen.

3.3.2.3 Prognose einer haltungsoptimalen Grundeinstellung

Die Körpermaße des Insassen werden für die Berechnung einer ergonomischen Körperhaltung verwendet. Die Sitzlängs-, Sitzhöhen-, und Lehnenneigungseinstellung sowie die Lenkradlängseinstellung erfolgen auf Basis einer Haltungssimulation mit dem Menschmodell RAMSIS.

Da die Körperhaltung in einem Fahrzeugsitz deutlich von der Körperhaltung im Stehen und im aufrechten Sitzen abweicht, ist anzunehmen, dass eine Messung von Körpermaßen in sitzender Haltung im Fahrzeug die Berechnung einer realistischeren Sitzposition ermöglicht als mit anthropometrischen Körpermaßen nach DIN 33402.

Aufgabe der Simulation mit RAMSIS ist eine ergonomisch sinnvolle Körperhaltung zu erzeugen. Zunächst wurde für das Versuchsfahrzeug (Audi Q5) eine Methode mit geeigneten Restriktionen für ein ergonomisches und sicheres Fahren entwickelt. In Anhang B findet sich eine Übersicht über die verwendeten Restriktionen.

Nach Entwicklung der Simulationsmethode wurde die Prognosegenauigkeit der Simulation in einer Probandenuntersuchung mit 25 Versuchspersonen überprüft. Die Körpermaße der Probanden wurden zum einen im Fahrzeug mit Hilfe eines 3D-Koordinatenmessgeräts bestimmt. Zum anderen wurde von den Versuchspersonen außerhalb des Fahrzeugs die anthropometrische Stammlänge und Körperhöhe nach DIN 33402 erfasst. Mit den erstellten Restriktionen wurde für jede Versuchsperson sowohl eine Simulation mit den im Fahrzeug gemessenen Körpermaßen als auch mit den außerhalb des Fahrzeugs bestimmten anthropometrischen Körpermaßen durchgeführt (Huber, 2009). Die Simulationsergebnisse wurden mit den individuellen

Sitzeinstellungen der Probanden verglichen. Tabelle 3-3 gibt die Streuung der Abweichungen zwischen individueller Sitzeinstellung und Simulation für die beiden Simulationsreihen an.

Tabelle 3-3 Abweichung der simulierten zur realen Sitzposition abhängig vom Messort

	Simulation mit innerhalb des Fahrzeugs gemessenen Körpermaßen		Simulation mit außerhalb des Fahrzeugs gemessenen Körpermaßen	
	x-Richtung	z-Richtung	x-Richtung	z-Richtung
Standardabweichung (mm)	28	21	26	16

Die Streuungen der Abweichungen zwischen simulierter und realer Sitzposition sind bei beiden Simulationen hoch. RAMSIS verwendet ein probabilistisches Haltungsmodell, das die wahrscheinlichste Körperhaltung ermittelt, um die ein Streubereich der individuellen realen Körperhaltungen existiert (vergleiche Abschnitt 1.2.1).

Die Streuung der Sitzpositionen fällt bei Verwendung der außerhalb des Fahrzeugs bestimmten anthropometrischen Maße nicht höher aus als bei Verwendung der im Fahrzeug ermittelten Körpermaße. Dies könnte einerseits darauf zurückzuführen sein, dass RAMSIS auf Basis einer normalen anthropometrischen Vermessung entwickelt und optimiert wurde. Andererseits deutet dies darauf hin, dass die Bestimmung der für die fahrzeuginterne Messung definierten Körpermaße selbst mit dem verwendeten Referenzsystem nur ungenau erfolgen kann. Die Entwicklung eines serientauglichen im Fahrzeug integrierten Systems mit einer höheren Messgenauigkeit ist nicht realistisch. Aus diesem Grund stellt eine externe Körpermaßbestimmung hinsichtlich der Simulation der Körperhaltung die am besten geeignete Lösung dar.

In einer Simulationsreihe wurde mit den entwickelten Restriktionen bei gezielter Variation der Körpermaße eine Matrix für die Sitzlängs-, Sitzhöhen- und Lehnenneigungseinstellung sowie die Lenkradlängseinstellung gefüllt, die während der *vollautomatischen Sitzeinstellung* als Datenbasis dient.

Die Höheneinstellung des Lenkrads erfolgt hinsichtlich der Sicht auf das Kombiinstrument. Aus der ermittelten Kopfposition, der festen Position der Instrumente und der Längsposition des Lenkrads wird die Höhe des Lenkrads so berechnet, dass die Verbindungslinie zwischen angenähertem Augpunkt und Kombiinstrument durch die Mitte des Durchsichtbereichs des Lenkrads verläuft.

In den Untersuchungen zur Entwicklung der Assistenzsysteme zeigte sich, dass Abweichungen von einer gewohnten Sitzposition sich stark Akzeptanz senkend auswirken können. Eine Probandenuntersuchung in einem Audi A6 mit 36 Versuchspersonen zu personenabhängigen Einflussfaktoren auf die Sitzeinstellung zeigte einen signifikanten Zusammenhang zwischen der Sitzlängseinstellung und einer Selbsteinschätzung der Fahrer hinsichtlich sportlichen und komfortorientierten Fahrens. Personen, die sich als sportliche Fahrer bezeichneten, saßen im Durchschnitt 18 mm weiter vorne als anthropometrisch ähnliche Personen, die sich als komfortorientierte Fahrer bezeichneten (Troborg, 2008). Erklären lässt sich dies damit, dass eine Position weiter vorne vorteilhaft für eine schnelle und kräftige Betätigung der Pedale und die Bedienung des Lenkrads ist. Zugleich ist eine solche Position aber häufig mit leicht erhöhtem Diskomfort verbunden.

Moderne Fahrzeuge besitzen teilweise Wahlmöglichkeiten zur individuellen Modifikation der Fahrzeugeigenschaften, wie der Fahrzeugfederung und der Längsdynamik. Der Nutzer erhält die Möglichkeit die Fahrzeugcharakteristik hinsichtlich der gewünschten Sportlichkeit anzupassen. Die Auswahl in dieser Fahrzeugcharakterisierung wird zur Modifikation der Zielwerte der Sitzlängseinstellung verwendet. In der vorliegenden Arbeit findet das System *Audi drive select* Anwendung. Bei Auswahl der Charakteristik „Dynamic“ wird die berechnete Sitzposition um 10 mm nach vorne verschoben, bei Auswahl von „Comfort“ um 5 mm nach hinten. Bei der Option „Auto“ wird die neutrale Sitzposition der Simulation übernommen.

3.3.3 Optimierung der Druckverteilung

Wesentliches Ziel eines Assistenzsystems zur Sitzeinstellung ist die Erreichung einer idealen Druckverteilung in der Kontaktfläche zwischen Insasse und Sitz. Auch wenn die allgemeinen funktionellen Zusammenhänge zwischen Sitzeinstellung und Druckänderung aus Abschnitt 3.1.2 bekannt sind, so hängt der genaue Verlauf stark von individuellen und situativen Bedingungen ab, wie beispielsweise der Korpulenz oder der Position des Gesäßes auf dem Sitz. Die Optimierung der Druckverteilung ist daher mit einer Regelung zu realisieren. Ein sitzintegriertes Messsystem bestimmt fortlaufend die Lastverteilung. Anhand der Lastverteilung wird die Sitzeinstellung geregelt.

3.3.3.1 Bestimmung der Druckverteilung

Für die Bestimmung der Druckverteilung sind Sensoren im Bereich der Kontaktflächen der Sitzfläche und der Lehne erforderlich. Die Sensoren liefern Messwerte für die lokalen Drücke. Aus diesen Werten wird für Sitzfläche und Lehne die Lastverteilung berechnet.

Sensorkonzept

Vom physikalischen Messprinzip können piezoresistive, resistive, piezoelektrische, kapazitive und induktive Drucksensoren unterschieden werden. Piezoresistive Sensoren erfassen mit Dehnmessstreifen Längenänderungen ihres Trägermaterials. Gemessen wird die Widerstandsänderung, die von der Querschnittsänderung des Widerstandsdrahtes abhängt. Bei einem resistiven Drucksensor sind zwei Elektroden durch eine Zwischenschicht voneinander getrennt. Bei steigendem Druck wird die Zwischenschicht komprimiert und der Widerstand sinkt. Knicke können Messfehler auslösen und die Sensoren zerstören. Bei piezoelektrischen Drucksensoren drückt eine Membran auf einen piezoelektrischen Kristall. Die Verformung führt zu einer Verschiebung von Kationen und erzeugt damit Spannungen. Piezoelektrische Sensoren sind vorwiegend für dynamische Messungen geeignet, da die Ladungen bei statischer Belastung langsam abfließen können.

Außerdem lassen sich Messsysteme mit direkt im Messbereich eingearbeiteten Drucksensoren von Messsystemen unterscheiden, die aus einer Fluidblase im Messbereich und einem mit einer Druckleitung verbundenen Sensor bestehen. Fluidbasierte Druckmesssysteme können nur messen, wenn vor dem Einstieg des Nutzers in das Fahrzeug ein gewisser Referenzdruck in den Blasen erzeugt wurde. Die Blasen müssen dann entweder während der Fahrt befüllt bleiben, oder sie werden nach der Nutzung als Messsystem wieder abgelassen. Ein Ablassen kann die gerade optimierte Druckverteilung beeinträchtigen. Außerdem ist nach dem Ablassen eine weitere Druckregelung ohne Aufstehen des Insassen nicht möglich, da unter Belastung kein Referenzdruck in den Blasen erzeugt werden kann. Zenk (2008) verwendet ein pneumatisches System, dessen Grunddruck nach der automatischen Sitzeinstellung abgelassen wird, und beschreibt ein leichtes Einsinken der Probanden in den Sitz, das von den Nutzern mit manuellem Nachregeln der

Sitzlängseinstellung ausgeglichen werden kann. Bei Ng et al. (1995) bleiben die Pneumatikblasen befüllt, da sie zur Konturanpassung verwendet werden.

Die Sensoren müssen entweder zwischen Bezug und Sitzpolster oder auf der Unterseite des Sitzpolsters platziert werden. Sowohl Bezug als auch zunehmende Schaumdicke wirken sich glättend auf die Druckverteilung aus, Maximaldrücke werden reduziert. Da für die Regelung der Sitzeinstellung die prozentuale Lastverteilung verwendet wird, ist eine Messung auf der Unterseite des Schaums möglich. Insbesondere im Bereich der Schultern und vorderen Oberschenkel sind aufgrund der geringen Lastwerte bei einer Messung unter dem Schaum allerdings sehr sensible Drucksensoren erforderlich.

Sensoren dürfen nicht als Störungen der Druckverteilung spürbar sein oder die Klimaeigenschaften beeinträchtigen. Sie müssen daher aus flexiblem, dünnem Material sein und ausreichend freie Fläche für den Feuchtigkeitstransport belassen.

Um ein von weiteren Sitzkomponenten unabhängiges System zu entwickeln und die Nachteile durch den Referenzdruck bei pneumatischen Systemen zu vermeiden, werden für die Druckmessung dünne Sensormatten verwendet, die unter dem Bezug eingearbeitet werden. Es handelt sich um resistive Einzelsensoren von RSscan International, die mit einer Verarbeitungseinheit verbunden sind.

Prognose der Lastverteilung mit integrierten Drucksensoren

Für eine vollständige Bestimmung der Druckverteilung müssten die Sitz- und Lehnenfläche flächendeckend mit einer Sensormatrix versehen sein. Dies würde allerdings zu einer starken Beeinträchtigung des Mikroklimas führen und hohe Kosten verursachen. Deshalb wird mit einer geeigneten Anordnung von Einzelsensoren auf die Lastverteilung geschlossen. In einem ersten Schritt wurde anhand von Messungen mit Druckmessmatten ein Sensorlayout mit einer hohen Korrelation zur gesamten Lastverteilung entwickelt. Die ermittelten Sensoren wurden in den Sitz integriert. In einem zweiten Schritt wurden Formeln zur Prognose der Lastverteilung mit den integrierten Drucksensoren erstellt.

Ermittlung eines geeigneten Sensorlayouts

In einem Fahrzeugmockup wurde durch eine gezielte Variation der Druckverteilung bei 63 Probanden eine breite Basis unterschiedlicher Druckverteilungen erzeugt. Für die gemessenen Druckverteilungen wurden die Lasten in den Körperbereichen der Bodymap bestimmt (Huber, 2009). Die Bodymap wurde entsprechend der Probanden angepasst. Die Körperbereichslasten stellen die Zielgrößen dar, die mit geeigneten Sensorkonfigurationen prognostiziert werden. Dazu wurden in den Druckverteilungen virtuelle Sensoren definiert, welche die Sensoren im Sitz simulierten. Im Gegensatz zu den auf dem Sitz variablen Körperbereichen wurden die virtuellen Sensoren für alle Probanden an festen Orten auf dem Sitz positioniert.

Pro Körperbereich wurden unter Berücksichtigung der Nahtverläufe zahlreiche Sensorlayouts aus einem oder mehreren virtuellen Sensoren simuliert. Die Sensorlayouts wurden mittels linearer Regression hinsichtlich ihrer Eignung zur Prognose der Last im entsprechenden Körperbereich bewertet. Die Konstante wurde entsprechend des physikalischen Verhaltens mit Null gleichgesetzt.

Für jeden Körperbereich wurde aus den Sensorlayouts eine hinsichtlich Prognosegüte, Sensoranzahl und Sensorgröße optimale Konfiguration ausgewählt. Entsprechend des ermittelten Sensorlayouts wurden Einzelsensoren in Vliestaschen konfektioniert und auf die Oberseite des Schaums aufgeklebt.

Ermittlung von Prognoseformeln

Bei einigen der integrierten Sensoren wurden die Messwerte auch ohne Insassen von der Sitzeinstellung beeinflusst. Dies ist auf eine Änderung der Bezugsspannung durch die Sitzeinstellung zurückzuführen, die sich auf die Belastung der integrierten Sensoren auswirkt. Eine deutliche Beeinflussung der Messwerte durch die Sitzeinstellung trat für die integrierten Sensoren in den Seitenwangen auf. Bei den Sensoren im vorderen Sitzbereich zeigte sich ebenfalls eine Beeinflussung der Messwerte. Im Prototypensitz ist eine ausrollende Sitztiefeneinstellung integriert, bei der Schaum und Bezug während des Ausfahrens von unten nachgeführt werden, um die Bildung eines Spaltes zu verhindern. Dabei ändert sich die Bezugsspannung, die sich auf die Sensoren auswirkt. Mit Messungen ohne Insassen wurden für die betroffenen Sensoren Kompensationsformeln erstellt.

In einer Probandenuntersuchung am Sitz mit den integrierten Drucksensoren wurde das Sensorlayout weiter optimiert und Formeln zur Prognose der Lastverteilung erstellt. Die Untersuchung erfolgte analog zur Bestimmung des Sensorlayouts. An der Probandenuntersuchung nahmen insgesamt 41 Versuchspersonen teil. Mit den

Sensorwerten der integrierten Drucksensoren und den zugehörigen Körperbereichslasten der Druckmessmatten wurden lineare Regressionsformeln zur Prognose der Lasten erstellt. Formel 3-1 gibt exemplarisch die Prognose der Last im Körperbereich der vorderen Oberschenkel an (Huber, 2009).

Formel 3-1 Prognose der Last in den vorderen Oberschenkeln

Last_vordere_Oberschenkel = 19,51 x Sensor_1 + 23,12 x (Sensor_2 – 0,038 x Sitztiefeneinstellung)

Die prozentuale Last in einem Körperbereich ergibt sich aus dem Verhältnis der prognostizierten Last im Körperbereich und der Summe der prognostizierten Lasten aller Körperbereiche der Sitzfläche beziehungsweise Lehne.

3.3.3.2 Regelung der Komfortfunktionen anhand der Druckverteilung

Die Regelung der Sitzeinstellung erfolgt anhand der prozentualen Lasten in den Körperbereichen. Die Zuordnung der Messbereiche zu den einzelnen Sitzeinstellfunktionen erfolgt nach den Ergebnissen in Abschnitt 3.1.2. Die Zielwerte basieren auf den Richtwerten in Abschnitt 1.2.2.

Die gewünschte Unterstützung in den seitlichen Oberschenkeln und im seitlichen Rücken ist von Aspekten der Fahrdynamik und von Vorlieben abhängig. Für ein entspanntes Fahren auf der Autobahn ist keine seitliche Unterstützung erforderlich, während bei dynamischer Fahrt auf der Landstraße eine seitliche Führung durch den Sitz gewünscht ist. Aus diesen Gründen wurden die Zielwerte für die Seitenwangen dreistufig gestaltet. Die Modifikation erfolgt wie bei der Sitzlängseinstellung anhand der Fahrzeugcharakterisierung mit *Audi drive select* (vergleiche Abschnitt 3.3.2.3). Wird „Dynamic" gewählt, so wird eine starke seitliche Abstützung erzeugt, bei „Auto" wird eine mittlere und bei „Comfort" eine sehr geringe seitliche Abstützung eingestellt. Rückmeldungen von Versuchspersonen zeigten auf, dass eine Untertützung der vorderen Oberschenkel entsprechend der idealen Druckverteilung von einigen Personen für ein sportliches Fahren als störend empfunden wird, da es die Bewegungsfreiheit der Beine für einen schnellen Wechsel zwischen den Pedalen reduziert. Auch wenn eine höhere Oberschenkelunterstützung hinsichtlich des Sitzkomforts nach Abschnitt 1.2.2 vorteilhafter ist, wird dieser Vorliebe bei der Wahl „Dynamic" mit leicht reduzierten Zielwerten für die vorderen Oberschenkel Rechnung getragen.

Die Regelung der Lehnenkopf-, der Lordosenweiten-, der Sitzflächenneigungs- und der Seitenwangeneinstellung erfolgt anhand der Messwerte der prozentualen Lastverteilung. Die Einstellung der Komfortfunktionen Lordosenhöheneinstellung und Sitztiefeneinstellung dient der Optimierung der Druckverteilung, sie leitet sich allerdings aus der Anthropometrie des Insassen ab.

3.3.4 Optimierung der Kopfstützeneinstellung

In iterativen Schritten wurde von den Projektpartnern Brose Fahrzeugteile GmbH & Co. KG und Grammer AG evolutionär eine automatische Kopfstütze entwickelt. Ziel einer automatischen Kopfstützeneinstellung ist es, die Relativposition der Kopfstütze zum Kopf in einen Optimalbereich zu regeln. Dafür bestimmt eine Sensorik in der Kopfstütze die Abweichung der relativen Kopfposition von parametrischen Zielwerten. Die Kopfstütze fährt solange, bis keine Abweichung mehr vorliegt oder sie das Ende des Verstellbereichs erreicht. Die automatische Kopfstütze stellt zugleich das Messsystem für die Bestimmung der Stammlänge in Abschnitt 3.3.2 dar.

Als geeignet für eine automatische Kopfstützeneinstellung erwies sich ein Konzept, welches die Position des Kopfes mit Hilfe von drei übereinander angeordneten Elektroden bestimmt (siehe Abbildung 3-2). Es wird ein elektrisches Wechselfeld erzeugt, welches durch den menschlichen Kopf verändert wird. Aus einer Amplitudenauswertung wird die relative Kopfposition berechnet.

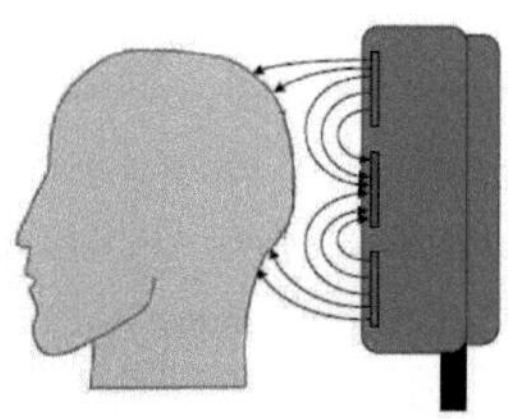

Abbildung 3-2 Wirkprinzip der Sensorkopfstütze (Quelle: Brose Fahrzeugteile)

Das System wurde in einer Probandenuntersuchung auf seine Genauigkeit getestet. An der Untersuchung nahmen 31 Versuchspersonen in einem Stammlängenbereich von 860 bis 1015 mm teil. In der individuellen Sitzeinstellung des Probanden wurde die automatische Kopfstützeneinstellung je zweimal durchgeführt. Für jede Einstellung wurde die relative Kopfposition mittels Messschieber und Schablonen bestimmt.

Die Kopfstütze wurde in horizontaler Richtung ohne relevante Streuung auf einen Abstand von 16 mm eingestellt (Standardabweichung 2 mm). Die Einstellung kann hinsichtlich der Vermeidung des Whiplash-Risikos als optimal betrachtet werden. Allerdings wird ein so geringer Abstand aufgrund des Kontakts mit den Haaren von einigen Personen als störend empfunden. Um mehr horizontale Kopffreiheit zu erzeugen, wurde der horizontale Vorgabeabstand der Kopfstütze vom Kopf für das Assistenzsystem zur Sitzeinstellung nachträglich um circa 15 mm erhöht. In vertikaler Richtung wurde die Kopfstütze im Mittel zu tief eingestellt. Im Durchschnitt befand sich die Oberkante der Kopfstütze 24 mm unter der Kopfoberkante, die Standardabweichung betrug 16 mm. Die Höheneinstellung konnte mit einer Anpassung von Vorgabeparametern ebenfalls korrigiert werden.

3.3.5 Anzeige- und Bedienkonzept

Die Mensch-Maschine-Schnittstelle besteht aus einer Anzeige und einer Bedienschnittstelle. Zur Anzeige wird das serienmäßige Fahrzeugdisplay verwendet. Da das Assistenzsystem zur Sitzeinstellung als eine Ergänzung zur bisherigen Sitzbedienung einzuordnen ist, verbleiben alle gewöhnlichen Bedienelemente zur Sitzeinstellung am Sitz. Für die Funktionen des Assistenzsystems wird im Prototyp ein zusätzliches Bedieninstrument in der Mittelkonsole angebracht. Der Start des Assistenzsystems zur Sitzeinstellung erfolgt per Tastendruck durch den Nutzer. Zusätzlich befinden sich auf dem Bedieninstrument Tasten für eine zur sitzintegrierten Körpermaßbestimmung alternativen manuellen Eingabe von Körperhöhe und Stammlänge.

Mit dem Assistenzsystem zur Sitzeinstellung wird der Sitz an den Insassen angepasst. Um beim Fahren optimal unterstützt zu werden, muss der Nutzer bereits bei der Sitzeinstellung in einer realistischen Fahrhaltung sitzen. Andernfalls erfolgt eine Einstellung des Sitzes hin zu einer ungünstigen, möglicherweise unbequemen Körperhaltung. Daher wird der Nutzer nach dem Start des Assistenzsystems zunächst aufgefordert eine normale Fahrhaltung einzunehmen.

Sowohl bei automatischer Sitzeinstellung als auch bei assistierter Sitzeinstellung erhält der Nutzer über eine Anzeige eine Rückmeldung über den aktuellen Status. Dargestellt werden die aktuelle Sitzeinstellung und ein Fortschrittsbalken. Die Visualisierung der aktuellen Sitzeinstellung erfolgt mit einer Darstellung des Sitzes und einer auf diesem sitzenden Person. Die Sitzeinstellungen werden durch farbliche Hervorhebung der betroffenen Bereiche am Sitz und mit einem Pfeil in Einstellrichtung angezeigt.

Während die *vollautomatische Sitzeinstellung* und die *automatische Komfortoptimierung* die ermittelten Sitzeinstellungen automatisch umsetzen, werden die nötigen Verstellbewegungen bei der *assistierten Komfortoptimierung* in einer Anzeige dargestellt, so dass der Nutzer diese selbst vornehmen kann. In Expertenrunden und Evaluierungen mit Probanden wurde folgendes Anzeigekonzept entwickelt (Etherington, 2008). In einer Darstellung der Sitzbedienschalter wird mit einem Pfeil angegeben, wie die erforderliche Sitzeinstellung vorgenommen werden kann. Außerdem wird auf einer relativen Skala angezeigt, wie groß die momentane Abweichung ist. Abbildung 3-3 zeigt die Anzeige der *assistierten Komfortoptimierung.* Die Visualisierung des Sitzes, der Bedienelemente und der Komfortskala zeigt dem Nutzer, welche Funktion, in welcher Richtung und auf welche Weise noch wieweit einzustellen ist (Etherington, 2008).

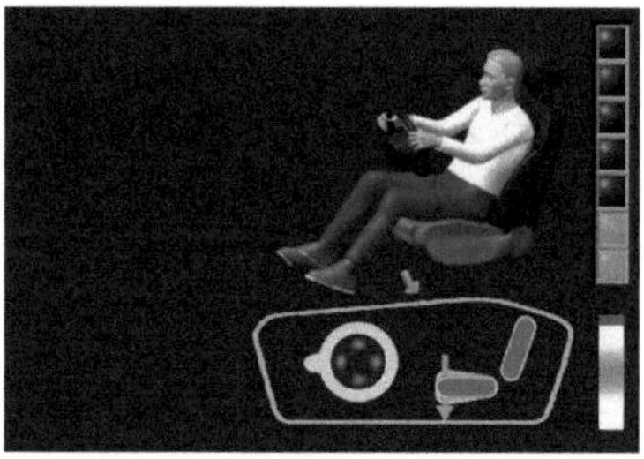

Abbildung 3-3 Exemplarische Anzeige der assistierten Sitzkomfortoptimierung

Bei der *vollautomatischen Sitzeinstellung* und der *automatischen Komfortoptimierung* werden alle Schritte vom System nacheinander durchgeführt. Bei der *assistierten Komfortoptimierung* löst der Nutzer ein Fortschreiten zur nächsten Sitzeinstellfunktion mit einer Bestätigungstaste auf dem Bedieninstrument aus.

3.3.6 Zusammenfassung

Im Rahmen dieser Arbeit wurden zwei Assistenzsysteme zur automatischen und ein Assistenzsystem zur assistierten Sitzeinstellung entwickelt.

Die Optimierung der Körperhaltung erfolgt mit dem probabilistischen Haltungsmodell von RAMSIS. Die Körpermaße können für die Haltungsprognose mit einem sitzintegrierten Messsystem oder in einer externen Vermessung bestimmt werden. Für die Optimierung der Druckverteilung wurden Einzelsensoren in den Sitz integriert, aus denen die prozentuale Lastverteilung berechnet wird. Aus dem Vergleich mit Zielwerten wird eine ideale Druckverteilung über die Sitzeinstellung eingestellt. Zur Optimierung der Kopfstützenposition wird eine Kopfstütze mit kapazitiven Sensoren eingesetzt.

Bei der *vollautomatischen Sitzeinstellung* erfolgt eine automatische Optimierung von Körperhaltung, Druckverteilung und Kopfstützeneinstellung. Damit ist der volle Funktionsumfang heutiger Multikontursitze abgedeckt. Bei der *automatischen Komfortoptimierung* stellt sich der Nutzer zunächst die Grundfunktionen, Sitzlängs-, Sitzhöhen- und Lehnenneigungseinstellung, selbst ein. Anschließend optimiert das System durch eine automatische Einstellung der Komfortfunktionen die Druckverteilung. Außerdem stellt sich die Kopfstütze automatisch ein. Bei der *assistierten Sitzeinstellung* werden die nötigen Sitzeinstellungen zur Optimierung der Druckverteilung durch das System berechnet. Diese werden dem Nutzer angezeigt. Die Einstellung selbst erfolgt manuell.

3.4 Tutorial zur Sitzeinstellung

Ziel eines *Tutorials* zur Sitzeinstellung ist es, den Nutzer in die Lage zu versetzen selbst eine optimale Sitzeinstellung vornehmen zu können. Vorversuche zeigten folgende Schwierigkeiten der Nutzer bei der Sitzeinstellung. Viele Nutzer wissen nicht, worauf bei der Sitzeinstellung zu achten ist, ihnen fehlen Kriterien zur Einstellung der einzelnen Funktionen. Bei Sitzen mit einer Vielzahl von Einstellfunktionen stellt für einige Nutzer die Bedienung der Sitzeinstellung eine Herausforderung dar. Schwierigkeiten bereiten auch die Wechselwirkungen verschiedener Sitzeinstellfunktionen, die zu Iterationsschleifen führen können.

Aus diesen Erkenntnissen lassen sich die Anforderungen an ein *Tutorial zur Sitzeinstellung* ableiten. Für jede Einstellfunktion müssen Hinweise für eine geeignete Einstellung gegeben werden und zur Überprüfung der Einstellung verständliche, leicht kontrollierbare Kriterien vorgestellt werden. Für jede Einstellfunktion muss außerdem die entsprechende Schalterbedienung erklärt werden. Eine geeignete Reihenfolge ist dabei zu berücksichtigen. Das *Tutorial* sollte simultan zur Sitzeinstellung erfolgen.

3.4.1 Hinweise zur optimalen Sitzeinstellung

Die Reihenfolge des *Tutorials* richtet sich nach Abschnitt 3.2. Die Anleitung zur optimalen Sitzeinstellung ist bei den besonders diskomfortrelevanten Funktionen wie beispielsweise der Sitztiefeneinstellung und der Sitzflächenneigung möglichst präzise formuliert. Allgemein wird allerdings darauf geachtet, dass die Formulierungen des *Tutorials* nicht das Gefühl einer Bevormundung erzeugen. Referenzmaße werden so angegeben, dass sie vom Nutzer leicht angewendet werden können. Eine genauere Maßangabe ist nicht hilfreich, wenn sie nicht überprüft werden kann. Aus didaktischen Gründen gibt das *Tutorial* auch Informationen dazu an, warum die jeweilige Funktion entsprechend der Beschreibung einzustellen ist. Die Hinweise zur optimalen Sitzeinstellung wurden in einer Vielzahl von Gesprächen mit Experten in den Fachabteilungen und mit Fahrsicherheitstrainern zusammengestellt. Die transportierten Informationen sowie deren Hintergründe werden im Folgenden zusammenfassend wiedergegeben.

Begonnen wird mit der Sitzlängseinstellung. Bei der Einstellung ist darauf zu achten, dass die Pedale vollständig betätigt werden können, damit auch in Notsituationen noch genügend Kraft aufgebracht werden kann. Die Sitzhöheneinstellung sorgt für eine übersichtliche Sitzposition, aus der das Straßengeschehen gut wahrgenommen werden kann. Im Anschluss erfolgt die Lehnenneigungseinstellung. Mit der Lehnenneigungseinstellung wird einerseits der Hüftwinkel beeinflusst, andererseits sorgt die Einstellung für eine entlastende Unterstützung des Rückens.

Die Sitztiefeneinstellung erfolgt direkt vor der Sitzflächenneigungseinstellung. Die Sitzflächenverlängerung sollte dabei auf einen Abstand von etwa drei Fingerbreiten zur Kniekehle beziehungsweise zum Unterschenkel erfolgen. Für die Einstellung der Sitzflächenneigung wird auf den Zusammenhang zwischen der Unterstützung der Oberschenkel und muskulärer Verspannung im Rücken hingewiesen.

Die Lenkradlängseinstellung sollte so erfolgen, dass das Lenkrad mit leicht angewinkelten Armen gut zu erreichen ist. Der obere Lenkradkranz sollte mit dem Handgelenk ohne Oberkörperverlagerung erreicht werden, damit das Fahrzeug auch bei kurviger Fahrt sicher geführt werden kann. Der Abstand zum Lenkrad lässt sich über die Einstellung der Lehnenneigung und der Sitzlängseinstellung nachkorrigieren. Die Höhe des Lenkrads sollte so eingestellt werden, dass die Instrumente durch das Lenkrad abgelesen werden können.

Mit der Einstellung des Lenkrads sind die Sitzposition und die grundsätzliche Körperhaltung festgelegt. Entsprechend wird nach der Lenkradeinstellung auf eine Kontrolle der bisherigen Einstellungen nach den Gesichtspunkten Erreichbarkeit der Pedale und des Lenkrads sowie einer leichten Unterstützung der vorderen Oberschenkel hingewiesen. Wird an den bisher eingestellten Funktionen erst nach vollständiger Einstellung eine Nachkorrektur vorgenommen, so wirkt sich diese häufig auf viele weitere Funktionen aus.

Bei der Einstellung des Lehnenkopfes ist eine leichte Unterstützung vorteilhaft. Es folgt die Einstellung der Lordosenstütze in Intensität und Höhe. Der Nutzer schließt die Anpassung der Lehne an die Rückenform ab. Eine als angenehm empfundene Einstellung der Lordosenstütze ist stark von persönlichen Vorlieben abhängig. Der Zielbereich der Druckverteilung nach Mergl (2006) ist hier relativ groß. Wird zu einer leichten Unterstützung geraten, so wird dies meist als angenehm empfunden.

Bei der Höheneinstellung der Kopfstütze ist darauf zu achten, dass der Körper im Falle eines Heckaufpralls meist leicht an der Lehne nach oben rutscht. Zur Beurteilung der Einstellung können zwei Richtlinien angewendet werden. Zum einen wird empfohlen, dass sich die Mitte der Kopfstütze auf Höhe der Augen befindet. Zum anderen wird geraten, dass sich die Kopfstützenoberkante möglichst auf gleicher Höhe oder über dem Kopfscheitel befindet. Im realisierten *Tutorial* wird die Einstellung anhand des Scheitels angewendet, da sie sich durch den Nutzer leichter anwenden lässt. Der Abstand sollte zwei bis drei Fingerbreiten betragen. Abgeschlossen wird mit der Einstellung der Seitenwangen. Diese sind nach der gewünschten Abstützung bei Kurvenfahrt einzustellen.

Alle angegebenen Hinweise sind als schnelle Hilfestellung zu sehen, die im Fahrzeug leicht angewendet werden können. Abhängig von der konstruktiven Gestalt des Sitzes kann eine abweichende Vorgehensweise erforderlich sein.

3.4.2 Anzeige- und Bedienkonzept

Das *Tutorial* wird wie die anderen Varianten über das Bedieninstrument des Assistenzsystems zur Sitzeinstellung gestartet. Die Anzeige des *Tutorials* ist in drei Bereiche aufgeteilt. Im Hauptbereich rechts oben wird ein Anleitungsfilm dargestellt. Zu sehen sind Sitz und Insasse. Am Sitz ist jeweils der Teil des Sitzes markiert, der von der aktuell erklärten Sitzeinstellfunktion betroffen ist. Die mögliche Verstellbewegung wird durch Pfeile angegeben. Außerdem führen Sitz und Insasse eine entsprechende Bewegung aus. Die Animationen wurden mit dem CAD-Programm Catia und dem Menschmodell RAMSIS erstellt. Unterhalb dieses Hauptbereichs sind die Bedienelemente des Sitzes dargestellt. Pfeile geben die Schalterbetätigung an, mit der die Sitzeinstellung gesteuert wird. Die Hinweise zur Sitzeinstellung werden über die Fahrzeuglautsprecher ausgegeben.

Für das *Tutorial* werden zwei Varianten zur Synchronisation mit der Nutzereinstellung vorgesehen. In der ersten Variante gibt der Nutzer mittels Einzelbestätigung an, wann er mit der Einstellung der aktuellen Sitzeinstellfunktion fertig ist. In der zweiten Variante wartet das System nach jeder erklärten Sitzeinstellfunktion eine definierte Zeitspanne. Erfolgt in dieser Zeit eine Sitzeinstellung, so verlängert sich die Wartezeit, um weitere Korrekturen zu ermöglichen. Abbildung 3-4 zeigt eine exemplarische Anzeige des *Tutorials.*

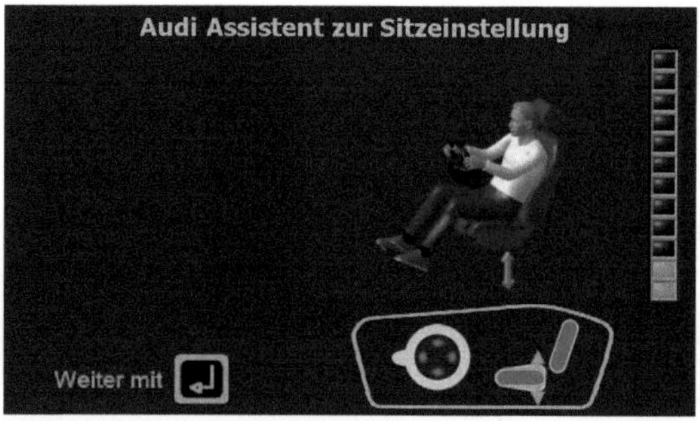

Abbildung 3-4 Exemplarische Anzeige des Tutorials (Variante mit Einzelbestätigung)

3.4.3 Zusammenfassung

In dieser Arbeit wurde ein *Tutorial* entwickelt, mit welchem der Nutzer Hinweise zur Optimierung der Körperhaltung, der Druckverteilung und der Sicherheit erhält. Die

Anleitung erfolgt schrittweise für alle Sitzeinstellfunktionen. Für jede Sitzeinstellfunktion wird außerdem die Bedienung der Sitzschalter dargestellt. Die Ausgabe des *Tutorials* erfolgt auf dem Display und über die Lautsprecher des Fahrzeugs. Anhand der Erklärung nimmt der Nutzer die nötigen Sitzeinstellungen selbst vor.

3.5 Übersicht über die entwickelten Assistenzsysteme

In dieser Arbeit wurden vier Assistenzsysteme entwickelt. Bei der *vollautomatischen Sitzeinstellung* werden Körperhaltung, Druckverteilung und die Kopfstützenposition durch die automatische Einstellung aller Funktionen optimiert. Die *automatische Komfortoptimierung* nimmt eine automatische Optimierung von Druckverteilung und Kopfstützeneinstellung vor. Die *assistierte Komfortoptimierung* zeigt dem Nutzer die nötigen Sitzeinstellungen zur Optimierung der Druckverteilung an und verwendet hierzu, wie die beiden vorgenannten Varianten, das sitzintegrierte Druckmesssystem. Das *Tutorial* erläutert mit Hinweisen das Vorgehen zur optimalen Sitzeinstellung. Tabelle 3-4 stellt den Inhalt der vier Assistenzsysteme zur Sitzeinstellung dar.

Tabelle 3-4 Inhalt der automatischen und assistierten Assistenzsysteme

	Vollautomatische Sitzeinstellung	*Automatische Komfortoptimierung*	*Assistierte Komfortoptimierung*	*Tutorial zur Sitzeinstellung*
Optimierung der Körperhaltung	automatisch	manuell	manuell	erläuternd
Optimierung der Druckverteilung	automatisch	automatisch	assistiert	erläuternd
Optimierung der Kopfstützenposition	automatisch	automatisch	manuell	erläuternd
Sitzlängsposition	automatisch	manuell	manuell	erläuternd
Sitzhöhe	automatisch	manuell	manuell	erläuternd
Lehnenneigung	automatisch	manuell	manuell	erläuternd
Sitztiefe	automatisch	automatisch	assistiert	erläuternd
Sitzflächenneigung	automatisch	automatisch	assistiert	erläuternd
Lehnenkopf	automatisch	automatisch	assistiert	erläuternd
Lordosenhöhe	automatisch	automatisch	assistiert	erläuternd
Lordosenweite	automatisch	automatisch	assistiert	erläuternd
Kopfstütze x-Richtung	automatisch	automatisch	manuell	erläuternd
Kopfstütze z-Richtung	automatisch	automatisch	manuell	erläuternd
Seitenwangen Lehne	automatisch	automatisch	assistiert	erläuternd
Seitenwangen Sitzfläche	automatisch	automatisch	assistiert	erläuternd

4 Validierung der Assistenzsysteme

Aufgabe eines Assistenzsystems zur Sitzeinstellung ist es, den Nutzer bei der Einstellung des Sitzes zu unterstützen und so den Einstellvorgang zu erleichtern, den Sitzkomfort zu verbessern und die Sicherheit des Insassen zu fördern. In Kapitel 3 wurden hierzu vier Varianten entwickelt, die sich in Assistenzumfang und Assistenzgrad unterscheiden. Im Folgenden wird die Wirkung dieser Assistenzsysteme auf den Sitzkomfort und die Sicherheit des Insassen sowie die Akzeptanz der Systeme untersucht, um eine hinsichtlich Aufwand und Nutzen besonders geeignete Variante zu identifizieren und den Einfluss von Assistenzgrad und Assistenzumfang zu analysieren.

4.1 Entwicklung der Hypothesen und Fragestellungen

Im Rahmen der Entwicklung der Assistenzsysteme sind drei Untersuchungen an technischen Zwischenständen durchgeführt worden. Diese ermöglichten die schrittweise Optimierung der Assistenzsysteme. Aus den Ergebnissen der Voruntersuchungen und den Hinweisen in der Literatur werden Hypothesen formuliert, die in einer Validierungsstudie geprüft werden. Bereiche in denen die bisherigen Erkenntnisse zur Formulierung einer eindeutigen Hypothese nicht ausreichen, werden mit offenen Fragestellungen untersucht.

4.1.1 Sitzkomfort

Im Vordergrund der Untersuchung steht die Aufgabe den Sitzkomfort mit Hilfe eines Assistenzsystems zur Sitzeinstellung zu optimieren. Ziel ist die Verbesserung der Körperhaltung und der Druckverteilung sowie die Reduzierung des Gesamtdiskomforts.

4.1.1.1 Körperhaltung

Das T*utorial* unterstützt den Nutzer bei der Erzeugung einer geeigneten Körperhaltung mit Hinweisen. Bei der *vollautomatischen Sitzeinstellung* wird die Körperhaltung auf Basis einer RAMSIS-Simulation vorgegeben. Die Körperhaltung wird anhand der subjektiven Bewertung des Haltungsdiskomforts und anhand der objektiven Werte der Gelenkwinkel untersucht. Für das *Tutorial* und die *vollautomatische Sitzeinstellung* wird eine Reduzierung des Haltungsdiskomforts geprüft. Von der *automatischen* und der *assistierten Komfortoptimierung* wird die Körperhaltung nicht verändert. Aufgrund der breiten Komfortwinkelbereiche in der Literatur (vergleiche Abschnitt 1.2.1) werden die Gelenkwinkel mit einer offenen Fragestellung untersucht. Ergänzend werden die Sitzpositionen der Probanden betrachtet.

Hypothesen zur Körperhaltung

- *Der Haltungsdiskomfort ist nach Verwendung des Tutorials niedriger als bei einer Sitzeinstellung der Probanden.*
- *Der Haltungsdiskomfort ist nach vollautomatischer Sitzeinstellung niedriger als bei einer Sitzeinstellung der Probanden.*

Fragestellungen zur Körperhaltung

- *Wie beeinflussen die Assistenzsysteme die Sitzposition?*
- *Wie beeinflussen die Assistenzsysteme die Gelenkwinkel?*

4.1.1.2 Druckverteilung

Die Optimierung der Druckverteilung ist Bestandteil aller entwickelten Assistenzsysteme. Aufgabe der Assistenzsysteme ist eine Optimierung der prozentualen Lasten hin zur idealen Druckverteilung und eine Reduzierung des Diskomforts in den Körperbereichen. Grundlage dafür ist bei der *vollautomatischen Sitzeinstellung* und der *automatischen* sowie der *assistierten Komfortoptimierung* das sitzintegrierte Messsystem. Mit der Validierung wird untersucht, ob eine Regelung der Sitzeinstellung anhand des integrierten technischen Messsystems eine Verbesserung der Druckverteilung bewirkt. Im *Tutorial* wird kein technisches Messsystem verwendet, die Regelung der Sitzeinstellung wird unter der Anleitung des *Tutorials* durch den Insassen selbst durchgeführt. Es wird untersucht, ob bereits durch eine interaktive Anleitung eine Verbesserung der Druckverteilung möglich ist.

Hypothesen zur Druckverteilung

- *Die prozentualen Lasten sind nach Verwendung eines Assistenzsystems näher an der idealen Druckverteilung als bei einer Sitzeinstellung der Probanden.*
- *Die Diskomfortbewertungen in den Körperbereichen sind nach Verwendung eines Assistenzsystems niedriger als bei einer Sitzeinstellung der Probanden.*

4.1.1.3 Gesamtdiskomfort

Die allgemeine subjektive Verbesserung des Sitzkomforts durch die Assistenzsysteme zur Sitzeinstellung wird anhand der Wertungen der Probanden zum Gesamtdiskomfort verglichen. Ziel der entwickelten Assistenzsysteme ist eine Reduzierung des Gesamtdiskomforts.

Hypothese zum Gesamtdiskomfort

- *Der Gesamtdiskomfort ist nach Verwendung eines Assistenzsystems niedriger als bei einer Sitzeinstellung der Probanden.*

4.1.2 Akzeptanz und Attraktivität

Die Akzeptanz und Attraktivität der Assistenzsysteme kann von Assistenzumfang und Assistenzgrad abhängen. Anhand der bisherigen Erkenntnisse können allerdings keine eindeutigen Hypothesen formuliert werden. Mit offenen Fragestellungen wird untersucht, ob die von den Assistenzsystemen erzeugten Sitzeinstellungen von den Probanden angenommen werden. Außerdem wird die Attraktivität der Assistenzsysteme untersucht.

Fragestellungen zu Akzeptanz und Attraktivität der Assistenzsysteme

- *Werden die von den Assistenzsystemen erzeugten Sitzeinstellungen akzeptiert?*
- *Besteht zwischen den Assistenzsystemen ein Unterschied in der Attraktivität?*

4.1.3 Sicherheit

Die Einstellung des Sitzes wirkt sich nicht nur auf den Sitzkomfort, sondern auch auf die Sicherheit des Insassen aus. Deshalb wird untersucht, inwiefern die Assistenzsysteme die Sicherheit beeinflussen. Betrachtet werden die Gefährdung durch Whiplash und Submarining (siehe Abschnitt 1.3).

Fragestellungen zur Sicherheit

- *Beeinflussen die Assistenzsysteme das Whiplash-Risiko?*
- *Beeinflussen die Assistenzsysteme das Submarining-Risiko?*

4.2 Versuchsdesign

Die vorausgehend formulierten Fragestellungen und Hypothesen werden in einer Probandenstudie untersucht. Dazu wird zunächst der Untersuchungsgegenstand und das Versuchsfahrzeug vorgestellt. Anschließend werden die Versuchsdaten sowie ihre Erhebung und der Versuchsablauf beschrieben und das Versuchspersonenkollektiv dargestellt.

4.2.1 Untersuchungsgegenstand

Mit der Untersuchung werden die in Kapitel 3 entwickelten Assistenzsysteme, die *vollautomatische Sitzeinstellung*, die *automatische Komfortoptimierung*, die *assistierte Komfortoptimierung* und das *Tutorial*, validiert und bewertet (siehe Übersicht in Abschnitt 3.5). Nach den Ergebnissen der Voruntersuchungen wird für die Bestimmung der Körpermaße bei der *vollautomatischen Sitzeinstellung* nicht das sitzintegrierte Messsystem verwendet. Stattdessen wird eine externe Körpermaßbestimmung durchgeführt. Die Werte werden über das Bedieninstrument eingegeben. Auf diese Weise werden potenzielle Ungenauigkeiten des sitzintegrierten Messsystems als Ursache für eine negative Haltungsbewertung ausgeschlossen. Die Optimierung der Druckverteilung erfolgt auf Basis der im Sitz integrierten Sensorik und nach den Richtwerten der idealen Druckverteilung.

Neben den Einstellungen mit den Assistenzsystemen erfolgt auch eine normale manuelle Sitzeinstellung durch den Nutzer, im Folgenden *individuelle Sitzeinstellung* bezeichnet. Diese Sitzeinstellung wird während der Untersuchung als vermeintlich weitere Variante eines Assistenzsystems zur Sitzeinstellung erneut angefahren. Den Probanden wird hierzu mitgeteilt, dass es sich um eine alternative Berechnungsmethodik handelt. Diese Variante wird als *angefahrene Sitzeinstellung* bezeichnet.

Mit den vier Assistenzsystemen, der *individuellen* Sitzeinstellung und der *angefahrenen Sitzeinstellung* ergeben sich für die Untersuchung sechs Varianten. Für eine umfassende Bewertung der Systeme wären Bewertungen des Kurzzeit- und des Langzeitkomforts von Vorteil. Allerdings zeigen vorausgehende Versuche, dass ein Assistenzsystem zur Sitzeinstellung von Anfang an positiv wahrgenommen werden muss, da die vorgegebene Sitzeinstellung sonst nicht akzeptiert und manuell korrigiert wird. Um die Versuchsdauer zu begrenzen, wurde die Untersuchung auf den Kurzzeitkomfort beschränkt. Anhand der objektiven Ergebnisse zur Druckverteilung kann in Hinblick auf die validierten Ergebnisse von Mergl (2006) und den Ergebnissen von Zenk (2008) auf den Langzeitkomfort geschlossen werden.

4.2.2 Versuchsfahrzeug

Der Prototypensitz beruht auf einem Multikontursitz des Audi A8 (D4). Als Versuchsfahrzeug wurde ein Audi Q5 verwendet. In einem Audi Q5 konnte mit dem Prototypensitz unter Einsatz von Abstandselementen eine fahrzeugadäquate Sitzkonfiguration erzeugt werden. Außerdem bot das Fahrzeug ausreichend Raum für die Verwendung von Kameras zur Aufnahme der Körperhaltung. Für geeignete Lichtverhältnisse wurde ein Fahrzeug mit Panoramadach gewählt. Das Fahrzeug besaß eine Automatikschaltung. Das Package des Versuchsträgers wurde bei der Entwicklung der Assistenzsysteme berücksichtigt, die RAMSIS-Simulationen beziehen sich auf die vorliegenden Fahrzeugbedingungen.

Die *individuelle Sitzeinstellung* erfolgte mit den serienmäßigen Sitzbedienschaltern. Die einzelnen Varianten für das Assistenzsystem wurden vom Probanden mit einem Bedienelement in der Mittelkonsole gestartet. Die Tasten waren mit Ziffern beschriftet, um die Erwartungshaltung der Probanden nicht durch Benennungen zu beeinflussen.

Die Technik der Assistenzsysteme war vollständig in das Versuchsfahrzeug integriert. Die Steuerung erfolgte durch einen Car-PC im Handschuhfach und einen Steuergeräterechner im Sitz (NI CompactRIO). Um die Auswahl des Probanden bei Audi drive select zu erfassen, war der Car-PC mit dem CAN-Bus[6] des Fahrzeugs verbunden.

4.2.3 Erfassung der Versuchsdaten

Für jede Sitzeinstellung führten die Probanden eine subjektive Diskomfortbewertung durch. Auf einer CP50-Skala bewerteten sie den Haltungsdiskomfort, den Diskomfort in den einzelnen Körperbereichen und den Gesamtdiskomfort. Die Bewertung der einzelnen Körperbereiche erfolgte anhand der Bodymap (siehe Anhang A). Das

[6] Control Area Network

Bewertungssystem wurde den Probanden zu Beginn erläutert und bei jeder Bewertung in Form einer Skizze vorgelegt.

Die Attraktivität der Assistenzsysteme wurde mit einem AttrakDiff-Fragebogen erfasst. Bei AttrakDiff handelt es sich um einen Fragebogen mit 28 semantischen Differenzialen zur Messung der hedonischen und pragmatischen Qualität interaktiver Produkte (Hassenzahl et al., 2003). Pragmatische Qualität steht für die wahrgenommene Eignung, die Umwelt entsprechend der Aufgabe zu manipulieren. Die hedonische Qualität umfasst die beiden Bedürfnisse nach Stimulation und Identität. Der Nutzen der Assistenzsysteme wurde zusätzlich noch in einer weiteren Frage direkt erfasst. Die Probanden gaben in einer siebenstufigen Skala von *wenig hilfreich* bis *sehr hilfreich* an, wie hilfreich sie den entsprechenden Assistenten empfanden.

Die Druckverteilung wurde mittels mflex Druckmessmatten von RSscan International aufgenommen. Die Druckmessmatte der Sitzfläche besaß eine Auflösung von 32 x 32 Sensoren und einen Messbereich von 500 x 500 mm. Der Messbereich der Lehnenmatte betrug 500 x 700 mm bei ebenfalls 32 x 32 Sensoren. Um ein Verrutschen der Druckmessmatten bei mehrmaligen Ein- und Ausstieg zu verhindern, wurden sie auf dem Sitz fixiert. Die Druckverteilungen wurden mit dem Programm BMXpress des Lehrstuhls für Ergonomie aufgenommen. Anhand der Schulterhöhe und Sitztiefe des Probanden sowie der Breite des Sitzes berechnet BMXpress automatisch die körperbezogene Lastverteilung der Bodymap. Die Probanden nahmen für die Druckmessung eine einheitliche Fahrhaltung ein. Mit den Händen griffen sie das Lenkrad, der linke Fuß befand sich auf der Fußablage und der rechte Fuß lag auf dem nicht betätigten Gaspedal an.

Mit dem Car-PC wurden fortlaufend die Werte der einzelnen Sitzeinstellfunktionen sowie die Sitzposition protokolliert. Die Körperhaltung wurde mit dem Programm PCMAN ermittelt. Mit PCMAN können anhand von Fotoaufnahmen der Versuchspersonen Ramsis-Manikins in entsprechender Anthropometrie und Körperhaltung erzeugt werden (siehe Geuß, 1993; Seidl, 1994). Dazu werden aus mindestens zwei Perspektiven Fotoaufnahmen des Probanden angefertigt. Diese werden im Programm mit dem Drahtmodell eines RAMSIS-Manikins überlagert. Das Drahtmodell wird so in seinen Körpermaßen und Gelenkwinkeln manipuliert, bis es sich mit den Fotoaufnahmen deckt. Vor dem Versuch wurden von den Versuchspersonen mit zwei Kameras Fotoaufnahmen erstellt, aus denen die anthropometrisch korrekten Modelle der Versuchspersonen erzeugt wurden. Während des Versuchs wurden die Versuchspersonen im Fahrzeug mit dem Kamerasystem PostureLab der Ergoneers GmbH aufgezeichnet. Vier Miniaturkameras der Auflösung 640 x 480 mit Weitwinkelobjektiv wurden im und am Fahrzeug montiert. Die Kameras waren über die Netzwerkschnittstelle mit einem Notebook verbunden, um die Fotoaufnahmen synchron abzuspeichern. Jeweils zwei Kameras erfassten die Beine und den Oberkörper inklusive der Arme aus unterschiedlichen Perspektiven. Aus den Fotoaufnahmen wurde in PCMAN unter Verwendung der anthropometrisch angepassten Drahtmodelle die Körperhaltung der Probanden nachgebildet.

Das Whiplash-Risiko wurde anhand der Kopfstützeneinstellung untersucht. Die Relativposition des Kopfes zur Kopfstütze wurde dazu mittels Schablonen und anhand von Distanzmessungen in den PCMAN-Fotoaufnahmen bestimmt. Der Winkel der Sitzfläche zur Bewertung des Submarining-Risikos wurde über die Protokollierung der Sitzeinstellungen dokumentiert.

Alle subjektiven Bewertungen wurden von einem Versuchsleiter auf dem Beifahrersitz in Form eines Interviews erfasst. Die Druckmessungen und die Fotoaufnahmen im Fahrzeug wurden durch einen zweiten Versuchsleiter auf dem Rücksitz gesteuert.

4.2.4 Versuchsablauf

Der Probandenversuch startete mit der anthropometrischen Vermessung der Versuchspersonen und der Fotoaufnahme der Anthropometrie für die PCMAN Anpassung. Anschließend wurde den Probanden am Fahrzeug die Bedienung des Sitzes erläutert und vorgeführt. Hierauf folgten die Durchgänge der Sitzeinstellungen.

Die Erfahrungen bei der Anwendung eines Assistenzsystems können sich auf die Sitzeinstellungen und Bewertungen des Nutzers auswirken. Eine vollständige Permutation ist bei sechs Durchgängen mit einer begrenzten Probandenanzahl nicht geeignet. Aus diesem Grund wurde eine teilpermutierte Reihenfolge angewendet. Die *individuelle Sitzeinstellung* erfolgte unbeeinflusst von allen anderen Einstellungen im ersten Durchgang. Bevor eine Versuchsperson in das Fahrzeug einstieg, wurde der Sitz in eine Referenzposition im hinteren unteren Bereich des Sitzverstellfeldes gefahren. In einer Testfahrt von circa drei Minuten erhielt die Versuchsperson die

Gelegenheit, die gewählte Sitzposition bei der Bedienung des Fahrzeugs zu überprüfen. Die Testfahrt erfolgte auf einem vorgegebenen Rundkurs auf dem Gelände der Fakultät für Maschinenwesen der Technischen Universität München. Nach der Fahrt konnte die Versuchsperson die Sitzeinstellung noch einmal korrigieren. Nach dieser Korrektur erfolgen die Diskomfortbewertung sowie die Aufzeichnung der Druckverteilung und die Fotoaufnahmen der Körperhaltung. Die vorliegende korrigierte Sitzeinstellung wurde durch den Versuchsleiter ohne das Wissen der Versuchsperson für die spätere *angefahrene Sitzeinstellung* abgespeichert. Vor jedem neuen Durchlauf verließ die Versuchsperson das Fahrzeug und der Sitz wurde wieder in die einheitliche Referenzposition gefahren.

Um im *Tutorial* ausschließlich den Einfluss der Anleitung ohne die Erfahrungen aus der Nutzung der sensorgestützten Assistenzsysteme zu bewerten, wurde es an zweiter Stelle durchgeführt. Direkt im Anschluss an die Verwendung des *Tutorials* bewertete der Proband Attraktivität und Nutzen dieses Assistenzsystems. Nach einer Testfahrt auf dem Rundkurs erfolgten die Diskomfort-Bewertung sowie die Aufnahme der Druckverteilung und der Fotoaufnahmen der Körperhaltung. Anschließend erhielt der Proband wieder die Möglichkeit die aktuelle Sitzeinstellung zu korrigieren. Wurde korrigiert, so wurden die objektiven Daten ein weiteres Mal aufgenommen.

Mit dem *Tutorial* erhielten die Probanden Hinweise zur Sitzeinstellung, die sie möglicherweise auch für die Bewertung aller nachfolgenden Varianten anwandten. Diese erweiterten Erfahrungen durch das *Tutorial* lagen damit allen Versuchspersonen für alle Varianten der Assistenzsysteme zur Sitzeinstellung und die *angefahrene Sitzeinstellung* gleichermaßen vor.

Um eine Beeinflussung der *angefahrenen Sitzeinstellung* von den automatischen Assistenzsystemen auszuschließen, erfolgte diese Einstellung im Anschluss an das *Tutorial* im dritten Durchgang. Das Vorgehen und die Bewertung waren identisch zum vorhergehenden Durchgang.

Anschließend folgten die *vollautomatische Sitzeinstellung*, die *automatische Komfortoptimierung* und die *assistierte Komfortoptimierung* in permutierter Reihenfolge. Das Vorgehen entsprach dem des zweiten und dritten Durchgangs. Abbildung 4-1 zeigt den Ablauf der Probandenuntersuchung.

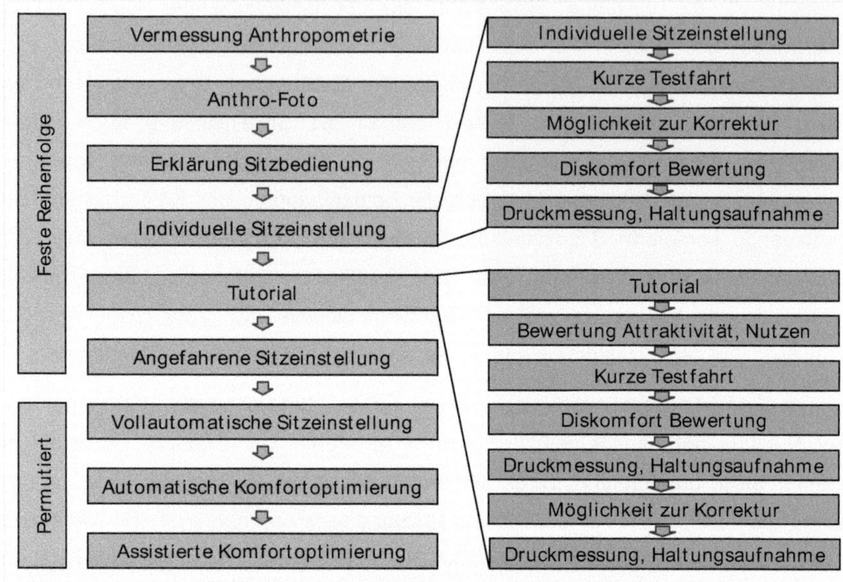

Abbildung 4-1 Ablauf der Validierungsuntersuchung

4.2.5 Probandenkollektiv

Die Varianten wurden mit verbundenen Stichproben untersucht, jede Versuchsperson bewertete alle sechs Varianten (Lauterbach, 2010). An der Probandenuntersuchung nahmen 36 Versuchspersonen im Alter von 19 bis 63 Jahren teil. Es wurde darauf geachtet, dass keine der Versuchspersonen bereits an einer Voruntersuchung zu den vorliegenden Systemen teilgenommen hatte oder Vorwissen zum Untersuchungsgegenstand besaß. Unter den Versuchspersonen befanden sich 14 Frauen und 22 Männer. Der Körperhöhenbereich betrug 1,59 m (21. Perzentil Frau) bis 1,92 m (97. Perzentil Mann). Aus der teilpermutierten Reihenfolge ergeben sich sechs Gruppen zu je sechs Versuchspersonen. Die Versuchspersonen wurden gleichmäßig auf die sechs Gruppen aufgeteilt. Abbildung 4-2 zeigt die Verteilung der Körperhöhe sowie der Stammlänge des Probandenkollektivs.

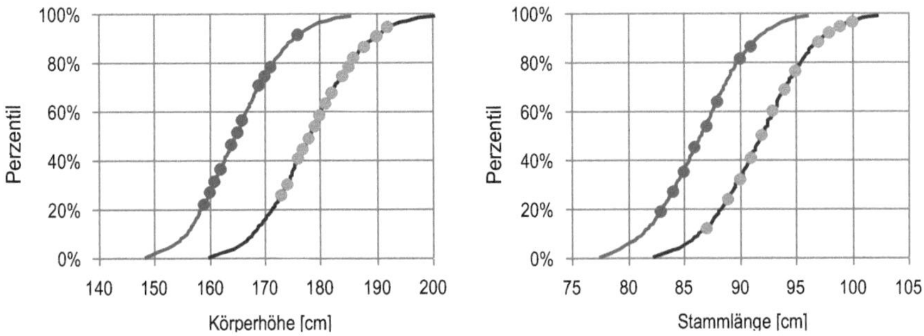

Abbildung 4-2 Verteilung der Körperhöhe des Probandenkollektivs (Lauterbach, 2010)
links: Körperhöhe, rechts: Stammlänge; rot: Frauen, blau: Männer; Perzentile nach SizeGermany

4.3 Auswertung

Die Voruntersuchungen zeigten, dass selbst durchgeführte Sitzeinstellungen nicht so kritisch bewertet werden, wie identische automatisch angefahrene Sitzeinstellungen. Außerdem erhalten die Nutzer bei der Anwendung der Assistenzsysteme, insbesondere im *Tutorial*, Hinweise zur komfortoptimierten Sitzeinstellung, die sich sowohl auf die Einstellung als auch in der Bewertung weiterer Sitzeinstellung auswirken. Dadurch liegt für die *individuelle Sitzeinstellung* eine andere Bewertungsbasis als für die folgenden Assistenzsysteme vor. Die Assistenzsysteme werden daher mit der *angefahrenen Sitzeinstellung* verglichen. Diese Einstellung erfolgte durch ein simuliertes Assistenzsystem und wird wie die übrigen Assistenzsysteme nach dem *Tutorial* durchgeführt, die Erfahrungen sind damit für die *angefahrene Sitzeinstellung* und die Assistenzsysteme gleich.

4.3.1 Sitzkomfort

Der Versuchssitz bietet zwölf Funktionen zur individuellen Anpassung. Es wird vermutet, dass hiervon nur ein Teil tatsächlich genutzt wird (vergleiche Sacher, 2008). Daher wird für die *individuelle Sitzeinstellung* und das *Tutorial* aus der fortlaufenden Protokollierung des Car-PC die Nutzungshäufigkeit der einzelnen Sitzeinstellfunktionen ermittelt.

Die Körperhaltung des Insassen wird durch Einstellung der Grundfunktionen Sitzlängs-, Sitzhöhen- und Lehnenneigungseinstellung bestimmt. Die Auswirkungen der Assistenzsysteme auf die Sitzposition wurden anhand des H-Punktes des Sitzes untersucht. Die Körperhaltung wurde anhand der Gelenkwinkel in Sprung-, Knie-, Hüft-, Schulter- und Ellenbogengelenk erfasst. Betrachtet wurden die Sitzpositionen und Gelenkwinkel der *individuellen Sitzeinstellung*, der *vollautomatischen Sitzeinstellung* und des *Tutorials.* Bei der *automatischen* und der *assistierten Komfortoptimierung* wird die Grundeinstellung durch das Assistenzsystem nicht gezielt beeinflusst.

Bei der Auswertung der Druckmessungen wurden die prozentualen Lasten symmetrischer Körperbereiche als Summe beider Körperseiten betrachtet. Die Diskomfortbewertungen der symmetrischen Körperbereichen wurden gemittelt. Aus technischen Gründen war in der *angefahrenen Sitzeinstellung* eine genaue Wiedergabe der Seitenwangeneinstellung entsprechend der Einstellung der *individuellen Sitzeinstellung* nicht möglich. Ein Vergleich der Diskomfortbewertungen im seitlichen Rücken, im seitlichen Beckenkamm und in den seitlichen Oberschenkeln mit der angefahrenen Sitzeinstellung erfolgte daher nicht.

4.3.2 Akzeptanz und Attraktivität

Die Akzeptanz der Sitzeinstellungen der Assistenzsysteme durch die Probanden wird anhand der Häufigkeit der Korrekturen an den Sitzeinstellungen beurteilt. Diese wird einzeln für jede Sitzeinstellfunktionen bestimmt. Zahlreiche Korrekturen wären ein Anzeichen für eine Unzufriedenheit mit der Sitzeinstellung. Aus den Antworten zum AttrakDiff-Fragebogen wurden die pragmatische und hedonische Qualität berechnet.

4.3.3 Sicherheit

Der Einfluss der Assistenzsysteme auf das Whiplash- und Submarining-Risko (siehe Abschnitt 1.3) wurde für die *individuelle Sitzeinstellung*, das *Tutorial* und die *automatische Komfortoptimierung* untersucht. Auf diese Weise wurde gezielt der Einfluss der automatischen Kopfstützeneinstellung und der automatischen Druckoptimierung sowie der Anleitung auf die Sicherheit identifiziert. Das Whiplash-Risiko wurde anhand der Relativposition der Kopfstütze bewertet. Zur Überprüfung der Höheneinstellung wurde der vertikale Abstand einer Verbindungslinie durch die Augen und Ohren mit der Mitte der Kopfstütze verglichen. Die Längseinstellung wurde anhand des horizontalen Abstands zwischen Kopfstütze und Kopf untersucht.

Zur Bewertung des Submarining-Risikos wurde der Winkel der Sitzfläche aus den Protokolldaten der Sitzhöhen- und Sitzflächenneigungseinstellung berechnet.

4.3.4 Prüfen der Hypothesen

Die grafische Darstellung der Ergebnisse erfolgt anhand der Mittelwerte. Fehlerbalken geben die jeweiligen Standardabweichungen an. Die Signifikanz von Unterschieden wurde mit einfaktoriellen Varianzanalysen geprüft. Die in Abschnitt 4.1 formulierten Hypothesen wurden mit zweiseitigen t-Tests für gepaarte Stichproben mit 35 Freiheitsgraden getestet. Die Hypothesen beruhen auf den Erkenntnissen der Voruntersuchungen und der Literaturrecherche. Nach Bortz (2005) ist bei a priori formulierten Hypothesen keine Korrektur des Fehlers erster Art erforderlich. Auf eine Korrektur wurde bei den aufgeführten Hypothesen demnach verzichtet. Auch bei einseitig gerichteten Unterschiedshypothesen wurden die strengeren zweiseitigen Tests durchgeführt. Als Signifikanzniveau wurde 0,05 gewählt. Bei p-Werten größer 0,25 wurde davon ausgegangen, dass die untersuchten Gruppen gleich sind (vergleiche Bortz, 2005). Die statistische Auswertung erfolgte mit SPSS. Die Ergebnisse der untersuchten Hypothesen sind in den dargestellten Diagrammen mit den Zeichen „≠“ für einen signifikanten Unterschied, „=“ für Übereinstimmung und „?“ für unbestimmte Ergebnisse dargestellt. Die allgemein formulierten Fragestellungen wurden anhand der Ergebnisse untersucht und mögliche Unterschiede post-hoc mit Bonferroni-Korrektur auf ihre Signifikanz getestet.

4.4 Ergebnisse und Diskussion

Im Folgenden werden die Ergebnisse der Untersuchung zum Einfluss der in Kapitel 3 entwickelten Assistenzsysteme auf den Sitzkomfort, die Akzeptanz und Attraktivität der Systeme und die Sicherheit des Insassen vorgestellt und diskutiert.

4.4.1 Sitzkomfort

Bei der Betrachtung des Sitzkomforts wird zunächst der Nutzungsgrad der Sitzeinstellfunktionen untersucht. Anschließend werden die Ergebnisse zur Körperhaltung und zur Druckverteilung sowie zum Gesamtdiskomfort vorgestellt.

4.4.1.1 Nutzungsgrad der Sitzeinstellfunktionen

Eine umfassende Nutzung ist Voraussetzung für optimalen Sitzkomfort. Bei der *individuellen Sitzeinstellung* wurden die vorhandenen Sitzeinstellfunktionen nur eingeschränkt genutzt. Eingestellt wurden hauptsächlich die Grundfunktionen Sitzlängs-, Sitzhöhen- und Lehnenneigungseinstellung, vergleiche Abbildung 4-3. Auch für die Sitzflächenneigung zeigt sich eine hohe Nutzungshäufigkeit, diese ist allerdings nicht ausschließlich auf gezielte Einstellungen zurückzuführen, sondern teilweise auch auf unbeabsichtigte Betätigungen bei der Einstellung der Sitzhöhe. Die Sitzhöhe wird bei dem vorliegenden Sitzverstellschalter durch ein Anheben des hinteren Endes des Bedienelementes eingestellt, die Sitzflächenneigung durch ein Anheben des vorderen Endes. Wird der Schalter in der Mitte angehoben, so können unbeabsichtigte Verstellungen hervorgerufen werden. Im Durchschnitt wurden sechs Sitzeinstellfunktionen genutzt. Die Komfortfunktionen weisen nur Einstellraten von 20 bis 30 Prozent auf. Nach der Fahrt wurden vorwiegend noch die Sitzlängs- und Sitzhöheneinstellung korrigiert.

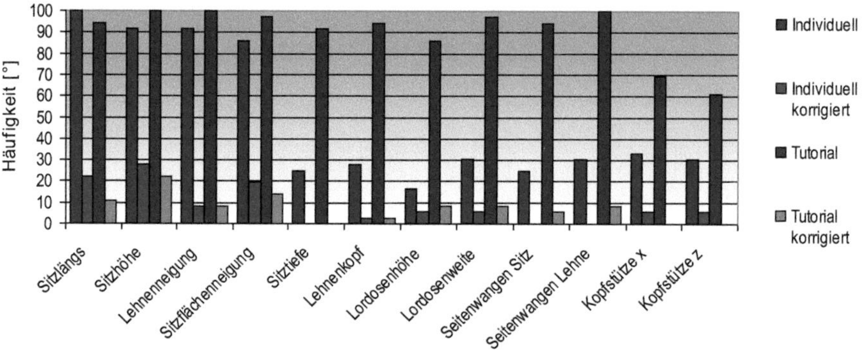

Abbildung 4-3 Verwendete Sitzeinstellfunktionen

Im *Tutorial* weisen alle Sitzeinstellfunktionen hohe Nutzungshäufigkeiten auf, ein Nichteinstellen ist meist darauf zurückzuführen, dass sich die Funktion zufälligerweise bereits zu Anfang in einem optimalen Bereich befand. Trotz der ausführlichen Erklärung der Sitzeinstellfunktionen bei Versuchsbeginn durch den Versuchsleiter reagierten einige Versuchspersonen während des *Tutorials* bei manchen Sitzfunktionen überrascht, dass der entsprechende Sitzteil auch einstellbar sei. Diese Reaktionen deuten darauf hin, dass eine zeitlich entkoppelte Anleitung außerhalb des Fahrzeugs keinen gleichwertigen Ersatz darstellt. Ein *Tutorial* sollte also direkt am Fahrzeugsitz durchgeführt und die Erläuterungen in einzelnen Schritten zeitgleich umgesetzt werden.

4.4.1.2 Körperhaltung

Sitzposition

Wie beeinflussen die Assistenzsysteme die Sitzposition?

In Abbildung 4-1 sind die Längs- und Höheneinstellung anhand der Mittelung aller Versuchspersonen dargestellt. Tabelle 4-1 gibt die p-Werte der Signifikanzuntersuchung an. In den Längseinstellungen finden sich keine deutlichen Unterschiede. Die untersuchten Varianten unterscheiden sich allerdings in den Höheneinstellungen. Die Anleitung durch das *Tutorial* im zweiten Durchgang führte zu einer geringfügig höheren Sitzeinstellung als die *individuelle Sitzeinstellung*. Die Sitzposition wurde im *Tutorial* nach der Probefahrt im Mittel kaum verändert, während die *individuelle Sitzeinstellung* nach der Fahrt im Mittel leicht nach oben korrigiert wurde. Diese *korrigierte individuelle Sitzeinstellung* wurde den Probanden im dritten Durchgang vorgegeben. Im Mittel wurde diese Sitzeinstellung anschließend beinahe genau auf die Längs- und Höhenposition der Einstellung des *Tutorials* korrigiert. Das *Tutorial* half den Probanden bei der Suche nach einer geeigneten Sitzposition. Die Erfahrungen aus dem *Tutorial* wurden in der darauffolgenden Sitzeinstellung übernommen und angewendet.

Die *vollautomatische Sitzeinstellung* führte im Durchschnitt zu einer höheren Sitzposition. Die Restriktionen der Haltungsoptimierung schlossen eine Höhenvorgabe für die Augposition ein, um eine Sitzposition zu erzeugen, aus der das Straßengeschehen optimal wahrgenommen werden kann. Diese Sitzposition weicht im Durchschnitt um circa 15 mm von der eigenen Einstellung der Probanden ab. Die *vollautomatische Sitzeinstellung* wurde im Mittel allerdings kaum korrigiert. Die Höhe blieb beinahe unverändert, lediglich die Längseinstellung wurde um wenige Millimeter nach hinten korrigiert. Dies zeigt, dass die höhere Sitzposition von den Probanden im Allgemeinen akzeptiert und übernommen wurde.

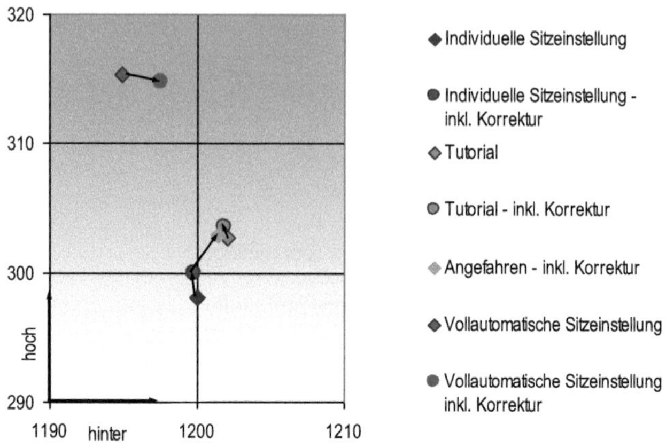

Abbildung 4-4 Sitzlängs- und Sitzhöhenposition (Mittelwert der H-Punkte in mm)

Tabelle 4-1 p-Werte Sitzposition

	Tutorial (ohne Korrektur)	*Vollautomatische Sitzeinstellung (ohne Korrektur)*
x-Position	1,0	1,0
z-Position	0,36	**< 0,001**

Jeweils Vergleich mit *individueller Sitzeinstellung (inklusive Korrektur)*, Post-hoc Untersuchung an gepaarten Stichproben mit Bonferroni-Korrektur

Gelenkwinkel

Wie beeinflussen die Assistenzsysteme die Gelenkwinkel?

Tabelle 4-2 gibt die p-Werte aus den Gelenkwinkelvergleichen des *Tutorials* und der *vollautomatischen Sitzeinstellung* mit der *individuellen Sitzeinstellung* an (Lauterbach, 2010). Die Winkel in Knie- und Sprunggelenk sind hinsichtlich der Mittelwerte als gleich zu betrachten. Im Schultergelenk sind die Winkel der *individuellen Sitzeinstellung* und des *Tutorials* gleich, für die *vollautomatische Sitzeinstellung* kann keine Aussage getroffen werden. Signifikante Unterschiede lassen sich nur im Hüftgelenk und im Ellenbogengelenk nachweisen. Im Hüftgelenk liegt bei der *vollautomatischen Sitzeinstellung* ein größerer Winkel vor als nach der Verwendung des *Tutorials* und der *individuellen Sitzeinstellung* (siehe Abbildung

4-5). Im Ellenbogengelenk sind die Winkel für die *individuelle Sitzeinstellung* und die *vollautomatische Sitzeinstellung* gleich, während im *Tutorial* ein größerer Winkel auftritt.

Die Unterschiede sind allerdings jeweils gering, die Angaben der Komfortwinkel in der Literatur decken ein wesentlich größeres Spektrum ab, für die ermittelten Unterschiede können daher keine objektiven Komfortergebnisse abgeleitet werden. Auch die Korrekturen an der Sitzeinstellung zeigen keine gerichtete Veränderung der Körperhaltung.

Tabelle 4-2 p-Werte Gelenkwinkel

	Tutorial	*Vollautomatische Sitzeinstellung*
Schultergelenk	1,0	0,71
Ellbogengelenk	**0,04**	1,0
Hüftgelenk	1,0	**0,03**
Kniegelenk	1,0	0,82
Sprunggelenk	0,92	1,0

Jeweils Vergleich mit *individueller Sitzeinstellung*
Post-hoc Untersuchung an gepaarten Stichproben mit Bonferroni-Korrektur

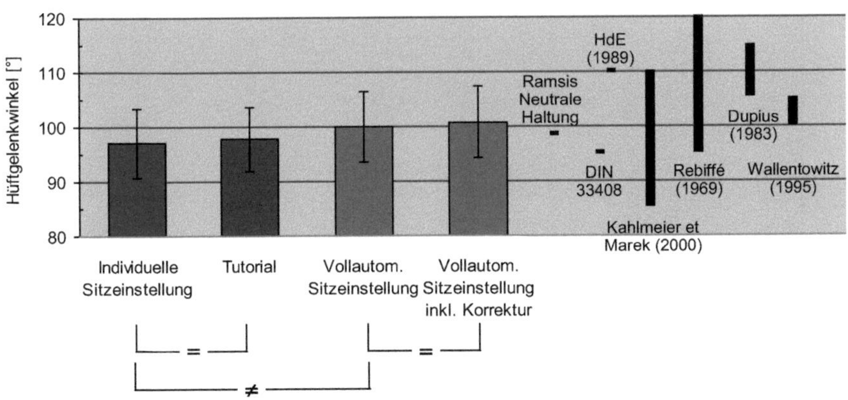

Abbildung 4-5 Hüftgelenkwinkel im Vergleich zur Literatur

Haltungsdiskomfort

Abbildung 4-6 stellt die Ergebnisse der Bewertungen des Haltungsdiskomforts grafisch dar. Die p-Werte der Signifikanzuntersuchung sind in Tabelle 4-3 angegeben (Lauterbach, 2010).

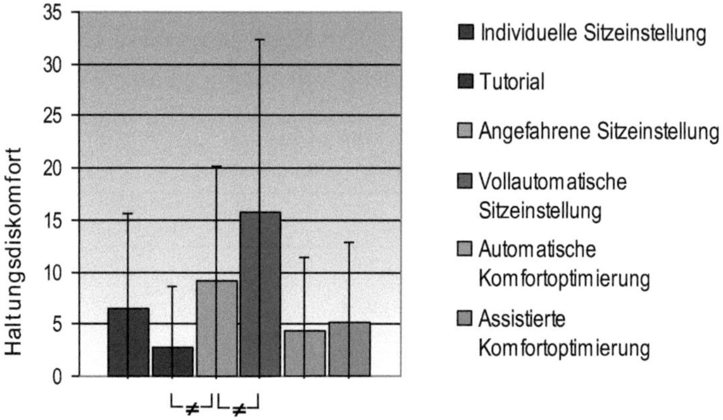

Abbildung 4-6 Haltungsdiskomfort

Tabelle 4-3 p-Werte Haltungsdiskomfort

Tutorial	*Vollautomatische Sitzeinstellung*
0,001	**0,03**

Jeweils Vergleich mit *angefahrener Sitzeinstellung*
t-Test an gepaarten Stichproben

Hypothese: Der Haltungsdiskomfort ist nach Verwendung des Tutorials niedriger als bei einer Sitzeinstellung der Probanden.

Die Körperhaltung bei der Sitzeinstellung mit Hilfe des *Tutorials* wurde signifikant besser bewertet als die *individuelle* und die *angefahrene Sitzeinstellung*. Die Hinweise des *Tutorials* tragen dazu bei, dass die Versuchspersonen eine Sitzeinstellung finden, in der sie eine angenehmere Körperhaltung einnehmen können. Mittelwert und Standardabweichung sind auf einem sehr niedrigen Niveau. Zwei Drittel der Versuchspersonen gaben für das *Tutorial* eine diskomfortfreie Körperhaltung an.

Hypothese: Der Haltungsdiskomfort ist nach vollautomatischer Sitzeinstellung niedriger als bei einer Sitzeinstellung der Probanden.

Der Diskomfort bei der *vollautomatischen Sitzeinstellung* ist signifikant höher als bei Sitzeinstellung durch die Probanden. Die realisierte Optimierung der Körperhaltung führt also zu einer Erhöhung des Haltungsdiskomforts. Werden die Korrekturen der Probanden betrachtet, so zeigen sich keine einheitlichen Richtungen. Der erhöhte Mittelwert des Haltungsdiskomforts beruht vor allem auf extremen Wertungen einzelner Versuchspersonen. Die Gelenkwinkel und die Korrekturen an den Sitzeinstellungen dieser Probanden wurden auf objektive Gründe für die hohen Diskomfortbewertungen untersucht. In den meisten Fällen konnten keine objektiven Ursachen gefunden werden. Vielmehr zeigen einige individuelle Sitzeinstellungen objektiv ungünstige Körperhaltungen.

Diskussion der Körperhaltung

Die Bewertungen des Haltungsdiskomforts im *Tutorial* geben an, dass nach der Sitzeinstellung beinahe diskomfortfreie Körperhaltungen vorliegen. Diese Körperhaltungen liefern die von den Probanden bevorzugten Gelenkwinkel. Diese können mit den Komfortwinkeln der Literatur aus Abschnitt 1.2.1 verglichen werden. Tabelle 4-4 gibt die Mittelwerte und Standardabweichungen der Gelenkwinkel des *Tutorials* in Bezug auf die Literaturwerte an.

Tabelle 4-4 Komfortwinkel in der Literatur in Grad, SD: Standardabweichung

	Torso-neigung	Schulter-gelenk	Ellbogen-gelenk	Hüftgelenk	Kniegelenk	Sprung-gelenk
RAMSIS	27	22	127	99	119	103
Kahlmeier et Marek (2000)	15 - 25	15 - 35	85 - 110	85 - 110	95 - 120	85 - 95
DIN 33408	-	38	120	95	125	90
Dupius (1983)	-	-	-	105 - 115	110 - 120	-
HdE (1989)	-	-	-	110	145	100
Rebiffé (1969)	-	0 - 25	80 - 120	95 -120	95 - 135	90 - 110
Wallentowitz (1995)	20 - 30	28	105 - 115	100 -105	110 - 130	90
Tutorial	27 SD 4	33 SD 10	124 SD 18	100 SD 6	111 SD 7	92 SD 8

Die hohen Standardabweichungen der Gelenkwinkel zeigen, dass bezüglich der bevorzugten Körperhaltung individuelle Unterschiede existieren. Dies deckt sich mit den Hinweisen auf eine hohe interindividuelle Streuung in Abschnitt 1.2.1. Reed et al. (2002) und Kolich (2008) weisen auf stark unterschiedliche Körperhaltungen anthropometrisch ähnlicher Personen hin. Fröhmel (2010) stellt ebenfalls eine große Streuung der individuellen Körperhaltungen innerhalb einer Probandengruppe gleicher Anthropometrie fest. Die Häufigkeitsverteilungen der Gelenkwinkel bei Seidl (1994), Krist (1993) und Estermann (1999) weisen breite Bereiche auf.

Nicht bekannt war bisher, wie eine mit einem Simulationsprogramm optimierte Körperhaltung subjektiv bewertet wird. Die *vollautomatische Sitzeinstellung* wurde von vielen Versuchspersonen positiv bewertet. Die Verschlechterung der mittleren Bewertung ist das Resultat der Wertungen einzelner Versuchspersonen. Die Auswertung der betreffenden Körperhaltungen ließ im Allgemeinen keine objektiven Ursachen für die Bewertung erkennen. Die Bewertungen begründen sich in Unterschieden zwischen der durch das Haltungsmodell vorgegebenen Körperhaltung und der bevorzugten individuellen Körperhaltung.

In einer weiteren Versuchsreihe an 20 Probanden wurde untersucht, wie sich bei automatischer Sitzeinstellung Abweichungen zur individuell gewohnten Sitzposition auswirken (Huber, 2009). Jeder Versuchsperson wurden in zufälliger Reihenfolge sieben Sitzpositionen als automatisch eingestellte Sitzeinstellungen vorgeben. Diese Einstellungen bestanden aus einer im Vorfeld ermittelten individuellen Sitzeinstellung des Probanden selbst und jeweils drei in der Längseinstellung in 15 mm Schritten nach vorne und hinten abweichenden Sitzpositionen, wobei mit der Sitzflächenneigung die Druckverteilung angeglichen wurde. Die Sitzpositionen wurden von den Probanden in einer sechsstufigen Schulnotenskala bewertet. Abbildung 4-7 stellt die mittleren Benotungen der Sitzpositionen über der Abweichung zur individuellen Sitzposition grafisch dar. Bei einer Veränderung der Sitzposition um circa 35 mm ändern sich die Gelenkwinkel nur geringfügig, die Bewertung der Sitzposition nimmt allerdings bereits um eine Notenstufe ab (Huber, 2009). Eine Abweichung in der Sitzlängseinstellung von der individuellen Sitzposition wirkt sich also stark negativ auf die Bewertung und damit auf die Akzeptanz eines Systems zur automatischen Sitzeinstellung aus.

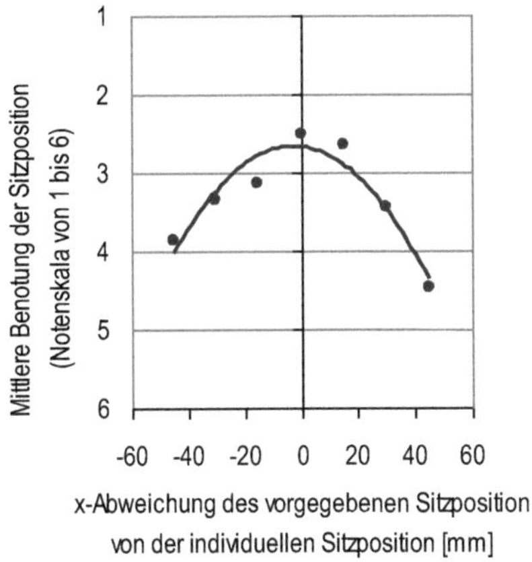

Abbildung 4-7 Sensitivität auf Abweichungen von der individuellen Sitzposition (Huber, 2009)

Die Ursache der schlechten Bewertung der *vollautomatische Sitzeinstellung* liegt darin, dass der Streubereich individueller Vorlieben größer ist als der individuelle Akzeptanzbereich. In einer Gruppe von Personen mit gleicher Anthropometrie weichen die Vorlieben einzelner Personen stark von der mittleren Haltung ab. Die Akzeptanz für eine andere, ungewohnte Haltung ist allerdings gering. Dies bezieht sich auf die vorliegende Untersuchung im Kurzzeitbereich. Allerdings ist damit zu rechnen, dass subjektiv unbequeme Körperhaltungen vom Nutzer zeitnah korrigiert werden. Damit können Langzeitvorteile einer objektiv optimierten Körperhaltung nicht in Erscheinung treten.

Die vorliegende Untersuchung bestätigt mit der negativen Bewertung von abweichenden Sitzpositionen den Zusammenhang zwischen Gelenkwinkel und Diskomfort. Sie unterstreicht aber auch, dass bei der Körperhaltung sehr unterschiedliche individuelle Vorlieben existieren.

4.4.1.3 Druckverteilung

Prozentuale Lastverteilung

Ein Vergleich der *angefahrenen Sitzeinstellung* mit der *individuellen Sitzeinstellung* zeigt, dass die prozentualen Lastverteilungen der beiden Durchgänge als signifikant gleich betrachtet werden können. Die Druckverteilung kann damit als Ursache für unterschiedliche Bewertungen der beiden Varianten ausgeschlossen werden.

Tabelle 4-5 gibt die p-Werte der Signifikanztests an den prozentualen Lastwerten aus dem Vergleich der Assistenzsysteme mit der individuellen Sitzeinstellung an.

Tabelle 4-5 p-Werte prozentuale Lastverteilung

	Tutorial	*Vollautomatische Sitzeinstellung*	*Automatische Komfortoptimierung*	*Assistierte Komfortoptimierung*
Schultern	0,53	0,29	0,75	0,51
Oberer Rücken	**0,002**	**0,01**	0,77	0,15
Unterer Rücken	0,35	0,85	0,60	0,43
Seitlicher Rücken	**0,01**	**0,01**	**0,001**	**0,001**
Seitlicher Beckenkamm	0,47	0,25	0,15	0,17
Steißbein	0,32	0,17	0,72	0,94
Gesäß	**0,01**	**<0,001**	**< 0,001**	**< 0,001**
Mittlere Oberschenkel	**0,002**	**0,03**	**< 0,001**	**0,004**
Vordere Oberschenkel	**0,004**	**<0,001**	**< 0,001**	**< 0,001**
Seitliche Oberschenkel	0,78	0,98	0,40	0,88

Jeweils Vergleich mit *individueller Sitzeinstellung*, t-Test an gepaarten Stichproben

Hypothese: Die prozentualen Lasten sind nach Verwendung eines Assistenzsystems näher an der idealen Druckverteilung als bei einer Sitzeinstellung der Probanden.

Prozentuale Lastverteilung im Rücken

Die prozentuale Lastverteilung kann in den Schultern und dem unteren Rücken für die untersuchten Assistenzsysteme und die *individuellen Sitzeinstellung* nach der Varianzanalyse als gleich angesehen werden. Im seitlichen Rücken zeigt sich für alle Assistenzsysteme eine signifikante Erhöhung der prozentualen Last hin zu den Richtwerten der idealen Lastverteilung. Dies wird vor allem auf die niedrige Einstellquote der Seitenwangen bei der *individuellen Sitzeinstellung* zurückgeführt - in der Ausgangseinstellung waren die Seitenwangen vollständig geöffnet.

Im oberen Rücken führen das *Tutorial* und die *vollautomatische Sitzeinstellung* zu signifikant geringeren Lastwerten als die *individuelle Sitzeinstellung*. Die Werte liegen allgemein im Rahmen der Zielkorridore. Diese Unterschiede werden auf Einflüsse der Körperhaltung zurückgeführt.

Prozentuale Lastverteilung in der Sitzfläche

In der Sitzfläche bestehen in den prozentualen Lasten für das Gesäß sowie für die mittleren und vorderen Oberschenkel signifikante Unterschiede zwischen den Varianten. In den seitlichen Oberschenkeln sind anders als im seitlichen Rücken keine Unterschiede feststellbar. Dies liegt daran, dass bei dem vorliegenden Sitz die seitliche Abstützung der Sitzwangen auch im Grundzustand deutlich gegeben war.

Im Bereich um die Sitzbeinhöcker erzeugten die Assistenzsysteme eine Reduzierung der Druckbelastung. Diese Reduzierung steht im direkten Zusammenhang mit einer Lasterhöhung im Bereich der mittleren und vorderen Oberschenkel. Eine Unterstützung der vorderen Oberschenkel übt nach Mergl (2006) und Zenk (2008) einen wesentlichen Einfluss auf den Diskomfort aus. Hartung (2006) zeigt eine optimale Unterstützung der vorderen Oberschenkel mit 8%. Mergl (2006) gibt als Richtwert 6% an. In der *individuellen Sitzeinstellung* stellten die Probanden eine zu geringe Unterstützung der vorderen Oberschenkel ein (vergleiche Abbildung 4-8). Dies kann bei längeren Fahrten zu Verspannungen im unteren Rücken führen (Mergl, 2006; Zenk, 2008). Bereits das *Tutorial* führt zu einer Verbesserung der prozentualen Lastverteilung, die Erklärungen und Hinweise zur Sitzeinstellung bewirken also objektiv eine Verbesserung des Sitzkomforts. Die *vollautomatische Sitzeinstellung*, die *automatische Komfortoptimierung* und die *assistierte Komfortoptimierung* verbessern die Druckverteilung weiter und erreichen die Richtwerte für eine ideale Druckverteilung. Eine sensorgestützte Optimierung der Druckverteilung führt also zu einer objektiven Verbesserung des Sitzkomforts. Mit den validierten Ergebnissen zum Zusammenhang zwischen Druckverteilung und Langzeitdiskomfort von Mergl (2006) und den Beobachtungen von Zenk (2008) lässt sich daraus eine Verbesserung des Langzeitdiskomforts durch die Assistenzsysteme ableiten.

Bei der Entwicklung der Assistenzsysteme wurde berücksichtigt, dass hinsichtlich der Oberschenkelunterstützung unterschiedliche Vorlieben existieren. So erzeugte die *automatische Komfortoptimierung* bei Personen die in Audi drive select die Einstellung „Dynamic" wählten im Mittelwert eine prozentuale Last von 4,5% im Vergleich von 8% für Personen die „Comfort" oder „Auto" wählten. Mit dieser Differenzierung wurden Vorlieben sportlicher Fahrer zu einer geringeren Oberschenkelunterstützung mit einer höheren Bewegungsfreiheit der Beine berücksichtigt (vergleiche Abschnitt 3.3.3). Die mittlere Unterstützung von 4,5% bei der Einstellung „Dynamic“ liegt noch über der Unterstützung durch das Tutorial und bietet eine verbesserte Oberschenkelunterstützung bei ausgeprägter Bewegungsfreiheit für eine sportliche Fahrweise. Die erhöhte Streuung in der prozentualen Last bei der sensorgestützen Optimierung der Druckverteilung steht im Zusammenhang mit der Modifikation durch die Anbindung an die Auswahl der Fahrvorliebe.

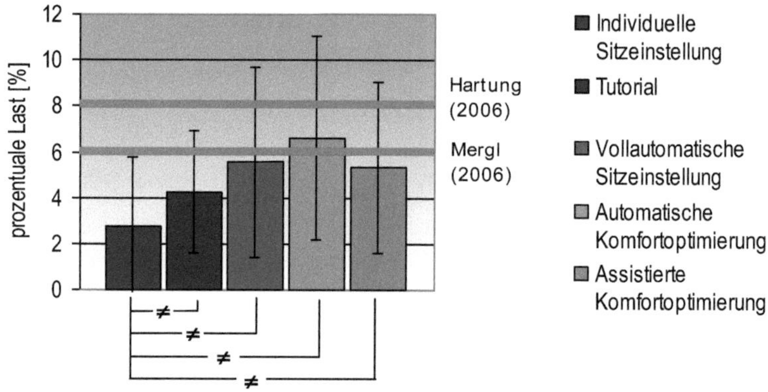

Abbildung 4-8 Prozentuale Last in den vorderen Oberschenkeln
(Richtwerte für eine ideale Druckverteilung markiert)

Die *angefahrene Sitzeinstellung* wurde von den Probanden häufig korrigiert. Dies wirkte sich auch auf die Druckverteilung aus. Im Mittel wurde mit den Korrekturen beinahe dieselbe Druckverteilung wie bei der Einstellung durch das *Tutorial* erzeugt. Im besonders relevanten Bereich der vorderen Oberschenkel betrug die Abweichung nur 0,1%. Dies zeigt, dass die Erfahrungen durch das *Tutorial* von den Probanden übernommen und bei den nächsten Einstellungen angewendet werden.

Die Probanden erhielten auch bei den Assistenzsystemen die Möglichkeit, die vorgegebenen Sitzeinstellungen manuell zu korrigieren. Bei den Einstellungen des *Tutorials*, der *automatischen* sowie der *assistierten Komfortoptimierung* und der *vollautomatischen Sitzeinstellung* wurde bei diesen Korrekturen die Druckverteilung durch die Probanden im Mittel fast nicht verändert. Beispielsweise betragen die Abweichungen durch die Korrekturen der Probanden für die Mittelwerte der vorderen Oberschenkel zwischen 0 und 0,2%. Die Annahme der vorgegebenen Druckverteilung ist als Bestätigung der Vorgaben der idealen Druckverteilung zu sehen.

Diskomfort in den Körperbereichen

Tabelle 4-6 gibt die p-Werte der Signifikanztests zu den Diskomfortbewertungen in den Körperbereichen aus dem Vergleich der Assistenzsysteme mit der angefahrenen Sitzeinstellung an.

Tabelle 4-6 p-Werte Diskomfortbewertungen in den Körperbereichen

	Tutorial	*Vollautomatische Sitzeinstellung*	*Automatische Komfortoptimierung*	*Assistierte Komfortoptimierung*
Schultern	0,14	0,96	0,12	0,07
Oberer Rücken	0,11	0,73	0,11	0,09
Unterer Rücken	**0,05**	0,25	0,17	**0,04**
Steißbein	0,30	0,17	0,15	**0,05**
Gesäß	0,91	0,40	0,16	**0,03**
Mittlere Oberschenkel	**0,03**	0,20	**0,02**	**0,01**
Vordere Oberschenkel	**0,01**	0,32	0,11	**0,01**

Jeweils Vergleich mit der *angefahrenen Sitzeinstellung*, t-Test an gepaarten Stichproben

Hypothese: Die Diskomfortbewertungen in den Körperbereichen sind nach Verwendung eines Assistenzsystems niedriger als bei einer Sitzeinstellung der Probanden.

Diskomfortbewertung des Rückens

In den Diskomfortbewertungen für die Körperbereiche des Rückens finden sich nur im unteren Rücken signifikante Unterschiede. Abbildung 4-9 stellt die Bewertungen des unteren Rückens grafisch dar. Die Bewertung für das *Tutorial* und die *assistierte Komfortoptimierung* ist im unteren Rücken signifikant besser als für die *angefahrene Sitzeinstellung.* Für den Vergleich mit der *automatischen Komfortoptimierung* und der *vollautomatischen Sitzeinstellung* kann keine statistisch abgesicherte Aussage getroffen werden.

Diskomfortbewertung der Sitzfläche

Für die mittleren Diskomfortbewertungen des Gesäßes zeigt sich für die *assistierte Komfortoptimierung* eine signifikante Diskomfortreduzierung. In den mittleren Oberschenkeln liegt im *Tutorial* sowie bei der *automatischen* und der *assistierten Komfortoptimierung* ein signifikant geringerer Diskomfort vor als bei der *angefahrenen Sitzeinstellung*. Für die *vollautomatische Sitzeinstellung* kann keine statistisch abgesicherte Aussage getroffen werden. In den vorderen Oberschenkel sind die Wertungen für *Tutorial* und *assistierte Komfortoptimierung* signifikant besser (siehe Abbildung 4-9).

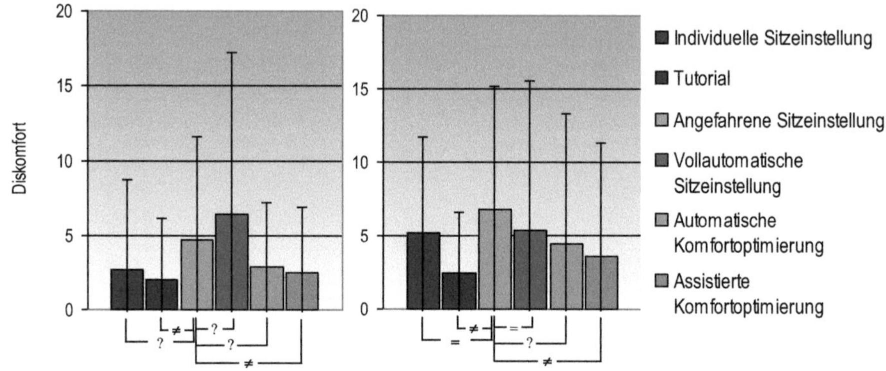

Abbildung 4-9 Diskomfort unterer Rücken (links) und vordere Oberschenkel (rechts)

Diskussion der Druckverteilung

Mit den entwickelten Assistenzsystemen konnte die Druckverteilung objektiv verbessert werden. Die Optimierung der Druckverteilung anhand der objektiven Richtwerte führt zu einer Reduzierung des Diskomforts. Die vorliegende Untersuchung bestätigt damit die Ergebnisse von Hartung (2006), Mergl (2006), Ng et al. (1996) und Zenk (2008), dass mit einer Anpassung der Druckverteilung der Sitzkomfort erhöht werden kann.

Die Untersuchungen an der Variante des *Tutorials* zeigen, dass eine gezielte Erläuterung die Druckverteilung auch ohne technische Sensorik in Richtung optimaler Druckverteilung verbessert. Die objektiven Kriterien können durch das *Tutorial* erklärt werden und den Nutzer zur Verbesserung der Sitzeinstellung befähigen.

Die Langzeituntersuchungen von Mergl (2006) und Zenk (2008) geben an, dass sich der positive Einfluss der idealen Druckverteilung insbesondere bei längeren Fahrzeiten bemerkbar macht.

4.4.1.4 Gesamtdiskomfort

In Abbildung 4-10 sind die Ergebnisse der Bewertung des Gesamtdiskomforts dargestellt. Die p-Werte der Signifikanzuntersuchung zu den Bewertungen der Assistenzsysteme im Vergleich mit der angefahrenen Sitzeinstellung sind in Tabelle 4-7 angegeben.

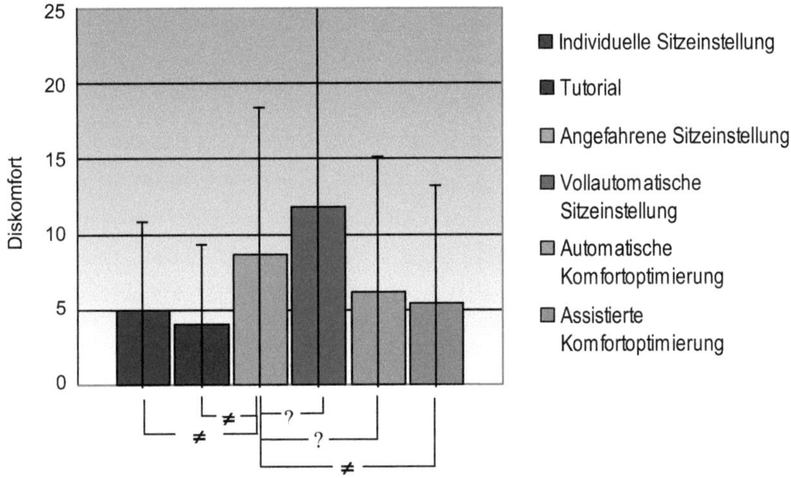

Abbildung 4-10 Gesamtdiskomfort

Tabelle 4-7 p-Werte Gesamtdiskomfort

Tutorial	*Vollautomatische Sitzeinstellung*	*Automatische Komfortoptimierung*	*Assistierte Komfortoptimierung*
0,004	0,17	0,14	**0,05**

Jeweils Vergleich mit der *angefahrenen Sitzeinstellung*, t-Test an gepaarten Stichproben

Hypothese: Der Gesamtdiskomfort ist nach der Verwendung eines Assistenzsystems niedriger als bei einer Sitzeinstellung der Probanden.

Die Unterschiede zwischen *Tutorial* und *angefahrener Sitzeinstellung* sind signifikant. Die Anleitung führt zu einer Verbesserung des subjektiven Gesamtdiskomforts. Auffällig ist auch die geringe Standardabweichung, die eine breite Diskomfortreduzierung im Probandenkollektiv anzeigt.

Im Vergleich zwischen der *vollautomatischen Sitzeinstellung* und der *angefahrenen Sitzeinstellung* kann keine statistisch abgesicherte Aussage getroffen werden. Zusammen mit den Ergebnissen zum subjektiven Haltungsdiskomfort lässt sich annehmen, dass die *vollautomatische Sitzeinstellung* zu einer Verschlechterung des subjektiven Gesamtdiskomforts führt.

Die *assistierte Komfortoptimierung* führt zu einer signifikant geringeren Bewertung des Gesamtdiskomforts als die *angefahrene Sitzeinstellung*. Bezüglich der *automatischen Komfortoptimierung* kann keine statistisch abgesicherte Aussage getroffen werden. Unter Berücksichtigung der Ergebnisse zur Diskomfortbewertung der Körperbereiche kann eine Verbesserung des subjektiven Sitzkomforts durch die Optimierung der Druckverteilung anhand der objektiven Richtwerte der idealen Druckverteilung bestätigt werden. Die Unterschiede zwischen *automatischer* und *assistierter Komfortoptimierung* sind sehr gering. Die ausgeprägtere Einflussmöglichkeit des Nutzers bei der assistierten Variante wirkt sich offensichtlich nicht auf den Sitzkomfort aus.

4.4.2 Akzeptanz und Attraktivität

Werden die von den Assistenzsystemen erzeugten Sitzeinstellungen akzeptiert?

Abbildung 4-11 gibt für jede Sitzfunktion den Anteil an Versuchspersonen an, welche diese Sitzfunktion nach der Einstellung mit Hilfe des Assistenzsystems korrigiert haben. An den Sitzeinstellungen mit Hilfe der Assistenzsysteme werden von den Probanden nicht häufiger Korrekturen durchgeführt als an der *angefahrenen Sitzeinstellung*.

Bei der *vollautomatischen Sitzeinstellung* wie auch bei der *angefahrenen Sitzeinstellung* zeigt sich für die Grundeinstellungen der Sitzlängs-, der Sitzhöhen- und Lehnenneigungseinstellung eine erhöhte Korrekturhäufigkeit. Während mit den Korrekturen an der *angefahrenen Sitzeinstellung* im Mittel die Sitzhöheneinstellung nach oben verändert wurde, zeigt sich bei der *vollautomatischen Sitzeinstellung* keine einheitliche Richtung in den Korrekturen.

Die *vollautomatische Sitzeinstellung* und die *angefahrene Sitzeinstellung* stellen den vollständigen Funktionsumfang des Sitzes vollautomatisch ein. Die erhöhten Korrekturhäufigkeiten sowie die erhöhten Mittelwerte und Standardabweichungen in den Diskomfortbewertungen deuten darauf hin, dass sich die Probanden durch die automatische Einstellung der Grundfunktionen bevormundet fühlten.

Auch wenn den Probanden vor Versuchsbeginn die Bedeutung des Diskomforts erläutert wurde, so kann nicht ausgeschlossen werden, dass in die Bewertungen des Diskomforts, also des Erleidens (vergleiche Abschnitt 1.2), auch Komfort-Empfindungen bezüglich des Gefallens eingeflossen sind.

Die zahlreichen Korrekturen an der *angefahrenen Sitzeinstellung* könnten auch auf Erklärungen des *Tutorials* zurückzuführen sein, welche die Erwartungshaltung und Sensibilität der Probanden erhöht haben. So wurde die Sitzposition von den Probanden bei der angefahrenen Sitzeinstellung im Mittel nahezu auf dieselbe Sitzposition wie im Tutorial eingestellt. Auch die Druckverteilung wurde bei der *angefahrenen Sitzeinstellung* durch die Korrekturen an die Situation des *Tutorials* angeglichen.

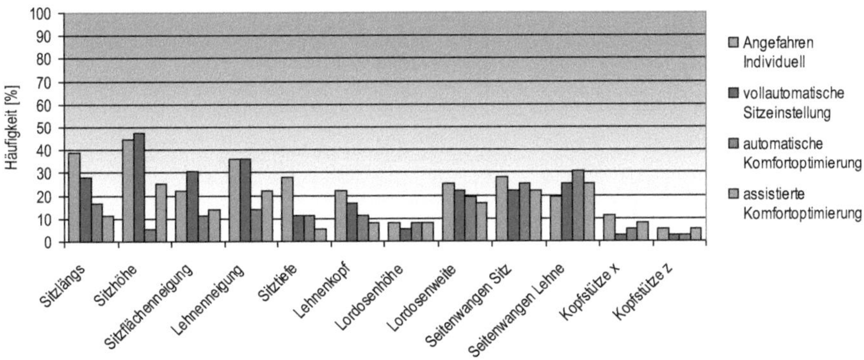

Abbildung 4-11 Korrekturen an der Sitzeinstellung

Bei der *automatischen* und der *assistierten Komfortoptimierung* wurden meist nur geringfügige Verstellungen vorgenommen. In vielen Fällen variierten die Probanden die Einstellung, stellten diese dann aber doch wieder zurück auf die Einstellung des Assistenzsystems. Zwischen der *automatischen* und der *assistierten Komfortoptimierung* besteht kein Unterschied in der Häufigkeit der Korrekturen. Für die Einstellung der Sitztiefe, der Sitzflächenneigung, der Lordosenhöhe, des Lehnenkopfes und der Kopfstütze zeigen sich bei den Assistenzsystemen allgemein nur sehr geringe Korrekturraten. Die Einstellungen der Lordosenweite und der

Seitenwangen weisen höhere Korrekturraten auf. Diese Einstellungen sind stärker von individuellen Vorlieben abhängig.

Besteht zwischen den Assistenzsystemen ein Unterschied in der Attraktivität?

Mit Hilfe des AttrakDiff-Fragebogens wurden Präferenzen der Nutzer zu den untersuchten Assistenzsystemen untersucht. Zwischen den getesteten Varianten bestehen für die hedonische Qualität sowie die Attraktivität keine signifikanten Unterschiede. Bei der pragmatischen Qualität zeigt sich für die *assistierte Komfortoptimierung* eine schlechtere Bewertung.

Die Antworten der Probanden auf die Frage, wie hilfreich sie das entsprechende Assistenzsystem empfänden, zeigen keine Unterschiede zwischen den Varianten auf. In einigen Fällen liegen individuelle Präferenzen zu einer der Varianten vor, diese sind aber von Proband zu Proband unterschiedlich und zeigen keine allgemein bevorzugte Variante. Ein Zusammenhang mit Probandenmerkmalen wie dem Alter konnte nicht gefunden werden.

Eine weitere Betrachtung der Attraktivität erfolgt anhand der Einstelldauer. Abbildung 4-12 gibt die Minima, Maxima und Mittelwerte der einzelnen Versuchsdurchgänge an. Die Dauer der *individuellen Sitzeinstellung* lag zwischen 5 Sekunden und 5:32 Minuten. Die durchschnittlichen Einstelldauern bei der *automatischen Komfortoptimierung* und bei der *vollautomatischen Sitzeinstellung* (jeweils inklusive der manuellen Grundeinstellung) entsprachen denen der *individuellen Sitzeinstellung*. Eine höhere Geschwindigkeit bei den automatischen Sitzeinstellungen wäre technisch möglich. Vorversuche zeigten allerdings, dass eine vollständige Sitzeinstellung aller zwölf Funktionen in einer kürzeren Zeit als zu schnell empfunden wird. Die *vollautomatische Sitzeinstellung* und die *automatische Komfortoptimierung* nehmen bei gleicher mittlerer Dauer eine wesentlich umfassendere Sitzeinstellung vor (vergleiche Abschnitt 4.4.1.1). Die mittlere Dauer des *Tutorials* betrug etwa 7 Minuten. Ursache sind die festen Wartezeiten zwischen den einzelnen Sitzfunktionen. In der im Probandenversuch verwendeten Version erfolgt der Wechsel zum nächsten Schritt automatisch, wenn 12 Sekunden keine Sitzeinstellung mehr durchgeführt wurde. Hierzu gaben viele Probanden an, dass sie eine manuelle Weiterschaltung bevorzugen würden. Diese ebenfalls entwickelte Version wirkt einer Bevormundung entgegen und verkürzt die Dauer für das *Tutorial*. Die untersuchte

Version wurde von den Probanden im Allgemeinen als etwas lang, aber für eine einmalige ideale Sitzeinstellung, die anschließend im Sitzmemory abgespeichert wird, als in Ordnung empfunden.

Die *assistierte Komfortoptimierung* weist in der Einstelldauer eine sehr große Bandbreite von zwei bis zehn Minuten auf. Bei der Durchführung der Versuche zeigte sich, dass einige Personen mit dem Bedienkonzept einer assistierten Sitzeinstellung überfordert waren und die Versuchsleiter erläuternd eingreifen mussten. Die gewählte Darstellung hatte sich in zahlreichen Voruntersuchungen gegenüber mehreren Alternativkonzepten als am intuitivsten erwiesen. Die Rückmeldungen der Probanden zeigen auf, dass bei einer assistierten Sitzeinstellung in einigen Fällen mit Verständnisschwierigkeiten zu rechnen ist.

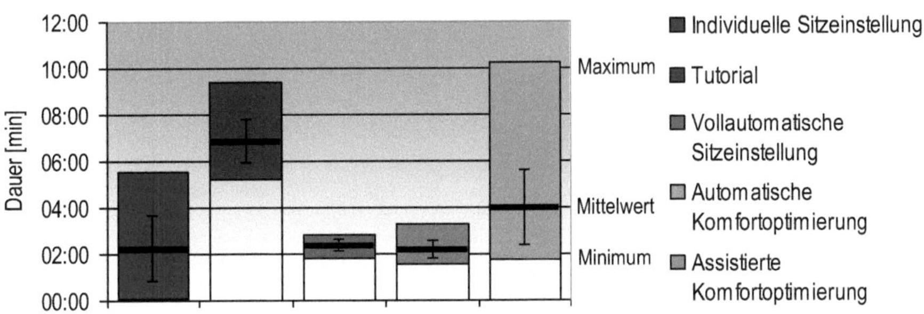

Abbildung 4-12 Einstelldauer

Diskussion von Akzeptanz und Attraktivität

Die reduzierte pragmatische Qualität und die erhöhte Einstelldauer der *assistierten Komfortoptimierung* zeigen, dass diese Variante relativ schlecht für ein Assistenzsystem zur Sitzeinstellung geeignet ist. Die erhöhten Korrekturen und die extremen Bewertungen einzelner Versuchspersonen bei *vollautomatischer Sitzeinstellung* geben eine eingeschränkte Akzeptanz einer solchen vollständigen automatischen Sitzeinstellung an.

4.4.3 Sicherheit

Beeinflussen die Assistenzsysteme das Whiplash-Risiko?

Bei der *individuellen Sitzeinstellung* haben nur 42% der Probanden eine Einstellung der Kopfstütze vorgenommen. Im *Tutorial* lag der Anteil bei 83%. Sowohl bei der

Einstellung im *Tutorial* als auch bei der *automatischen Kopfstützeneinstellung* wurde der horizontale Kopfabstand signifikant reduziert (vergleiche Abbildung 4-13). Bei der *individuellen Sitzeinstellung* befand sich bei 28% der Probanden die Kopfstütze unterhalb der Verbindungslinie aus Augen und Ohren. Im Tutorial war dies nur noch bei 10% der Probanden der Fall, bei der *automatischen Kopfstützeneinstellung* nie.

Die Probanden wendeten die Hinweise zur Überprüfung der Kopfstützeneinstellung der Anleitung an und reduzierten so ihr Verletzungsrisiko für den Fall eines Heckaufpralls. Die *automatische Kopfstützeneinstellung* verbesserte die Einstellung noch weiter. In wenigen Einzelfällen lag auch bei der *automatischen Kopfstützeneinstellung* noch eine ungünstige Einstellung vor. Ursachen könnten in Bewegungen der Versuchspersonen, der Voreinstellung des Lehnenkopfes, welcher den Kopfabstand ebenfalls beeinflusst, und technischen Randbedingungen liegen.

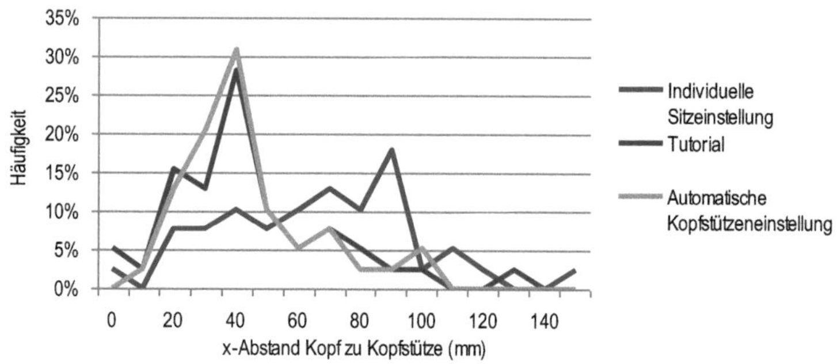

Abbildung 4-13 Häufigkeitsverteilung des horizontalen Abstand zwischen Kopf und Kopfstütze

Beeinflussen die Assistenzsysteme das Submarining-Risiko?

Der Winkel der Sitzfläche betrug bei der *individuellen Sitzeinstellung* im Durchschnitt 15,7°, nach Verwendung des *Tutorials* betrug er 16,7°. Die *automatische Komfortoptimierung* führte zu einem mittleren Sitzflächenwinkel von 17,3°. Die Ergebnisse stehen in Zusammenhang mit der Unterstützung der vorderen Oberschenkel zur Verbesserung der Druckverteilung. Sowohl die Anleitung als auch die sensorgesteuerte Sitzflächenregelung reduzieren damit geringfügig das Submarining-Risiko.

4.5 Einfluss des Untersuchungscharakters

Den Probanden wurde vor den Versuchen mitgeteilt, dass es sich um eine Untersuchung zu Assistenzsystemen zur Sitzeinstellung handelt. Außerdem wurden den Probanden vor Beginn der Untersuchung die Funktionen der Sitzeinstellung ausführlich erläutert. Diese Eindrücke könnten zu einer erhöhten Sensibilität und Gewissenhaftigkeit bei der *individuellen Sitzeinstellung* geführt haben. Tatsächlich deutet beispielsweise die Untersuchung von Sacher (2008) an, dass in realen Situationen häufig eine nicht sehr detaillierte Sitzeinstellung erfolgt. Der Effekt eines Assistenzsystems zur Sitzeinstellung könnte demnach in der Praxis höher sein.

4.6 Zusammenfassung der Untersuchungsergebnisse

Aufbauend auf den Erkenntnissen der Literaturrecherche und Voruntersuchungen sind Fragestellungen und Hypothesen entwickelt worden, die im Rahmen einer Probandenstudie untersucht wurden. Bewertet wurden die drei sensorgestützten Varianten für ein Assistenzsystem zur Sitzeinstellung, die *vollautomatische Sitzeinstellung* sowie die *automatische* und die *assistierte Komfortoptimierung,* und die sensorlose Variante eines *Tutorials zur Sitzeinstellung*. Zum Vergleich der Assistenzsysteme mit der Sitzeinstellung der Probanden führten die Versuchspersonen eine normale *individuelle Sitzeinstellung* durch, die ihnen zu einem späteren Zeitpunkt als vermeintlich weitere Variante eines Assistenzsystems automatisch angefahren wurde.

Mit ihren Korrekturen an der *angefahrenen Sitzeinstellung* näherten die Versuchspersonen ihre Sitzeinstellung in Sitzposition und Druckverteilung an die Einstellung des *Tutorials* an. Die Empfehlungen des *Tutorials* wurden von den Probanden in den weiteren Einstellungen angewendet.

Die Versuchspersonen benötigten im Durchschnitt für die *individuelle Sitzeinstellung* zwei Minuten, stellten aber vorwiegend nur die Grundfunktionen ein. Damit bleibt ein Großteil des Komfortpotenzials ungenutzt. Es wird ein Assistenzsystem benötigt, um das Potenzial von Multikontursitzen mit aktuell bis zu zwölf Sitzeinstellfunktionen ausschöpfen zu können.

Die Bewertung des Haltungsdiskomforts zeigt für das *Tutorial* eine Verbesserung und für die *vollautomatische Sitzeinstellung* eine Verschlechterung. Die Anleitung des

Tutorials hilft den Probanden bei der Erzeugung einer diskomfortreduzierten Körperhaltung. Die schlechtere Bewertung der vorgegebenen Einstellung bei der *vollautomatischen Sitzeinstellung* ist auf individuelle Vorlieben zurückzuführen. Ein Haltungsmodell prognostiziert eine geeignete, wahrscheinliche Körperhaltung. Abweichungen von der gewohnten Sitzeinstellung führen allerdings zu erhöhtem subjektivem Diskomfort. Eine objektive Optimierung der Körperhaltung ist also im Gegensatz zu einer Anleitung nicht geeignet zur Verbesserung des Sitzkomforts.

Alle entwickelten Varianten für ein Assistenzsystem zur Sitzeinstellung erzeugten eine objektive Verbesserung in der Druckverteilung. Insbesondere wurde von den Assistenzsystemen die Last in den vorderen Oberschenkeln erhöht, die bei der individuellen Sitzeinstellung deutlich zu gering war. Die Unterstützung in den vorderen Oberschenkeln trägt zur Vermeidung von Rückenschmerzen bei. Die Hinweise des *Tutorials* führten zu einer Erhöhung der Last und damit zu einer objektiven Verbesserung der Druckverteilung. Die *automatische* und die *assistierte Komfortoptimierung* erreichen die Zielwerte der idealen Druckverteilung. Die subjektive Bewertung der Körperbereiche zeigt eine Reduzierung des Diskomforts in den Körperbereichen der Sitzfläche durch die Assistenzsysteme. Im unteren Rücken reduzierte insbesondere das *Tutorial* den Diskomfort signifikant.

Insgesamt reduzierte das *Tutorial* den Gesamtdiskomfort. Die *vollautomatische Sitzeinstellung* erhöhte den Gesamtdiskomfort, wohingegen eine *Komfortoptimierung* ihn ebenfalls senken kann. Sowohl die Optimierung der Druckverteilung mit Hilfe einer Anleitung als auch eine objektive Optimierung der Druckverteilung anhand sitzintegrierter Sensoren führte zu einer Verbesserung des Sitzkomforts. Die Druckverteilung eignet sich zur objektiven Sitzeinstellung mit einem Assistenzsystem.

Eine assistierte Sitzeinstellung ist hinsichtlich der Attraktivität im Gegensatz zu einer automatischen und erläuternden Sitzeinstellung nicht für ein Assistenzsystem geeignet.

Die Assistenzsysteme reduzierten das Sicherheitsrisiko des Insassen. Die *automatische Komfortoptimierung* und das *Tutorial* erhöhten die Neigung der Sitzfläche und trugen so zur Vermeidung des Submarining-Effekts bei. Die automatische Kopfstützeneinstellung sowie das *Tutorials* verbesserten die Höhen- und Längseinstellung der Kopfstütze und senkten so das Whipash-Risiko.

5 Modell zum Einfluss von Assistenzgrad und -umfang

5.1 Nutzen des Assistenzsystems

Im Rahmen dieser Arbeit wurden vier Varianten für ein Assistenzsystem zur Optimierung des Sitzkomforts entwickelt und untersucht. Aus den Ergebnissen der Probandenuntersuchung und den Erfahrungen in der Entwicklungsphase der Assistenzsysteme wird ein qualitatives Modell zum Einfluss des Assistenzgrades und des -umfangs entwickelt. Betrachtet werden die Einflüsse auf den Diskomfort, die Attraktivität und Akzeptanz, die Körperhaltung und Druckverteilung sowie auf die Sicherheit.

Diskomfort

Die automatische und assistierte Einstellung der in den *Komfortoptimierungen* realisierten Sitzeinstellfunktionen reduziert den Diskomfort. Auch senken die Erklärungen des *Tutorials* den Diskomfort. Im Vergleich zu Sitzen, bei denen keine oder nur wenige der Sitzfunktionen durch ein Assistenzsystem erfasst sind, wirkt sich eine Erhöhung des Funktionsumfangs eines Assistenzsystems reduzierend auf den Diskomfort aus.

Während sich Erläuterungen zu den Grundfunktionen (Sitzlängs-, Sitzhöhen- und Lehnenneigungseinstellung) reduzierend auf den Haltungsdiskomfort auswirken, führt die automatische Einstellung dieser Sitzfunktionen in der *vollautomatischen Sitzeinstellung* aufgrund der individuellen Vorlieben in der Körperhaltung zu einer Diskomforterhöhung. Bei automatischen Systemen führt eine Verringerung des Funktionsumfangs um die Sitzlängs-, Sitzhöhen- und Lehnenneigungseinstellung also zu einer Reduzierung des Diskomforts. Ebenso kann bei automatischen Assistenzsystemen, die den vollen Funktionsumfang berücksichtigen, eine Verringerung des Assistenzgrades eine Reduzierung des Diskomforts bewirken, da die Möglichkeiten zur Berücksichtigung der individuellen Vorlieben für den Nutzer steigen.

In Abbildung 5-1 ist der Einfluss von Assistenzgrad und Assistenzumfang auf den Diskomfort grafisch dargestellt.

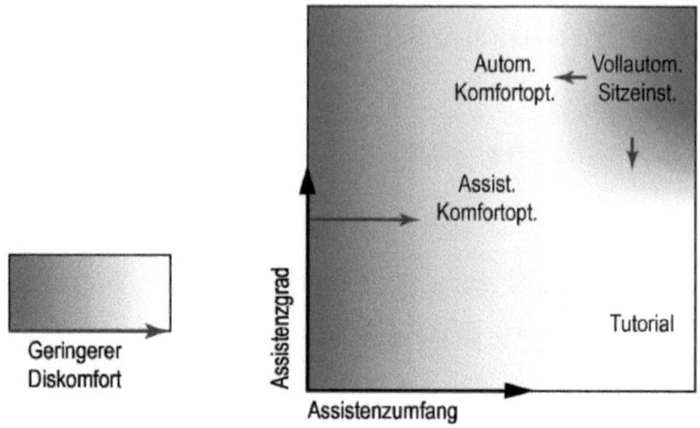

Abbildung 5-1 Einfluss von Assistenzgrad und -umfang auf den Diskomfort

Körperhaltung und Druckverteilung

Alle Assistenzsysteme wirken sich positiv auf die Druckverteilung aus. Die Untersuchungen zeigten, dass mit einem Assistenzsystem objektive Aspekte der Körperhaltung verbessert werden können. So können die Erläuterungen und die automatische Einstellung helfen, ungünstige Körperhaltungen einzelner Nutzer zu vermeiden. Das Optimierungspotenzial der Körperhaltung und der Druckverteilung steigt mit zunehmendem Assistenzgrad und zunehmendem Assistenzumfang (siehe Abbildung 5-2). Die Berücksichtigung von mehr Funktionen vergrößert das Wirkungsfeld des Assistenzsystems. Mit zunehmendem Assistenzgrad sinkt die Einflussmöglichkeit des Nutzers und damit die Wahrscheinlichkeit objektive Verbesserungen zu verhindern.

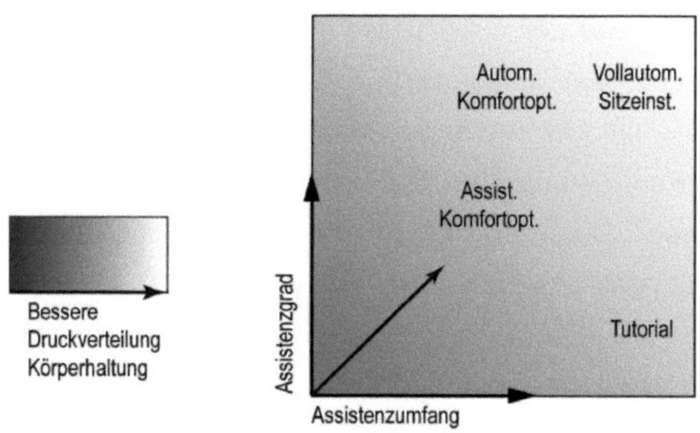

Abbildung 5-2 Einfluss von Assistenzgrad und -umfang auf Körperhaltung und Druckverteilung

Sicherheit

Alle Assistenzsysteme tragen zur Reduzierung des Sicherheitsrisikos für den Insassen bei. Die Erhöhung der Unterstützung der prozentualen Last in den vorderen Oberschenkeln bewirkt eine steilere Sitzflächenneigung und erhöht somit den Widerstand gegen ein Durchtauchen unter dem Sicherheitsgurt bei einem Frontaufprall. Eine Unterstützung bei der Kopfstützeneinstellung sorgt für eine bessere Positionierung der Kopfstütze und senkt so das Risiko von Verletzungen der Halswirbelsäule bei einem Heckaufprall. Die Vermeidung von extremen Körperhaltungen wirkt sich ebenfalls positiv aus. Mit einer Erhöhung des Assistenzumfangs kann die Sicherheit des Insassen verbessert werden. Mit zunehmendem Assistenzgrad sinkt die Wahrscheinlichkeit einer falschen Interpretation der objektiven Empfehlungen. Die Einflüsse von Assistenzgrad und -umfang auf die Sicherheit sind in Abbildung 5-3 dargestellt.

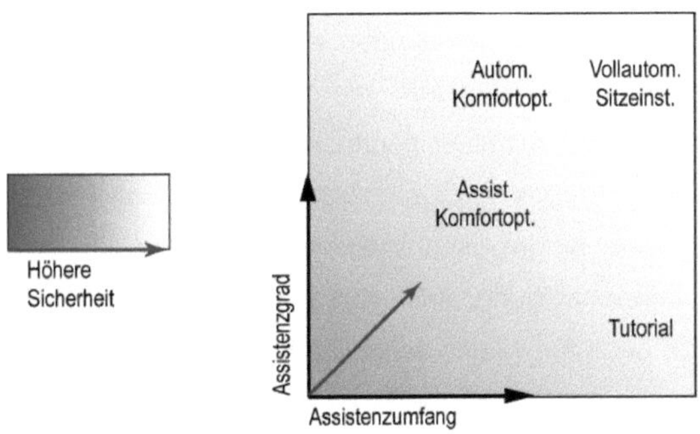

Abbildung 5-3 Einfluss von Assistenzgrad und -umfang auf die Sicherheit

Attraktivität und Akzeptanz

Viele Rückmeldungen von Probanden und Testnutzern geben an, dass die Attraktivität eines Assistenzsystems für Kunden im Allgemeinen mit dem Funktionsumfang steigt. Der Mehrwert eines Systems, das beispielsweise bei einem Multikontursitz mit zwölf Sitzeinstellfunktionen nur in zwei Funktionen bei der Einstellung unterstützend wirkt, wird von den Nutzern gering eingeschätzt. Die Untersuchungen zeigen, dass auch ein erläuterndes Assistenzsystem als attraktiv empfunden wird.

Die schlechtere Bewertung der pragmatischen Qualität und die erhöhte Einstelldauer bei der *assistierten Komfortoptimierung* geben an, dass eine assistierte Variante für die Sitzeinstellung nicht geeignet ist. Der Vorgang der manuellen Sitzeinstellung ist von Komplexität geprägt. Eine assistierende Sitzeinstellung trägt im Gegensatz zu einer erläuternden und automatischen Sitzeinstellung nicht oder nur wenig zur Reduzierung dieser Komplexität bei. Bei einer automatischen Sitzeinstellung wird die Komplexität dadurch reduziert, dass nur noch wenige Funktionen manuell eingestellt werden müssen. Die Erläuterungen eines *Tutorials* erhöhen das Systemverständnis des Nutzers von der Sitzeinstellung und reduzieren so ebenfalls die Komplexität. Die konkreten Empfehlungen zur Sitzeinstellung einer assistierten Sitzeinstellung werden vom Nutzer direkt und teilweise unreflektiert umgesetzt und tragen so kaum zu einem besseren Systemverständnis bei.

Die negative Bewertung des Diskomforts der *vollautomatischen Sitzeinstellung* und auch der *angefahrenen Sitzeinstellung* wird vorwiegend darauf zurückgeführt, dass die individuellen Vorlieben der Probanden in der Grundeinstellung des Sitzes stark streuen und zugleich Einstellungen, die von den individuellen Vorlieben und Gewohnheiten abweichen, mit einer geringen Akzeptanz verbunden sind. Dies deckt sich mit zahlreichen Beobachtungen während der Entwicklung der Assistenzsysteme. Weicht eine automatisch eingestellte Sitzeinstellung in der Sitzlängs-, Sitzhöhen- oder Lehnenneigungseinstellung von der Erwartung des Nutzers ab, so ist eine Akzeptanz auch für das Gesamtsystem unabhängig von der Einstellung der übrigen Funktionen nicht vorhanden. Die Erzeugung einer gewünschten Körperhaltung mit der Sitzlängs-, Sitzhöhen- und Lehnenneigungseinstellung bereitet keine größeren Schwierigkeiten. Daraus ergibt sich eine hohe Erwartungshaltung an die Einstellung dieser Funktionen. Objektive Vorteile einer von der individuellen Sitzeinstellung abweichenden Grundeinstellung werden nicht angenommen und gegebenenfalls verstellt. Außerdem zeigen die erhöhten Korrekturhäufigkeiten und Diskomfortbewertungen für die *vollautomatische Sitzeinstellung* und die *angefahrene Sitzeinstellung*, dass ein System mit vollständigem Assistenzumfang und höchstem Assistenzgrad von einigen Nutzern als Bevormundung empfunden werden könnte. Abbildung 5-4 stellt die Einflüsse auf Attraktivität und Akzeptanz grafisch dar.

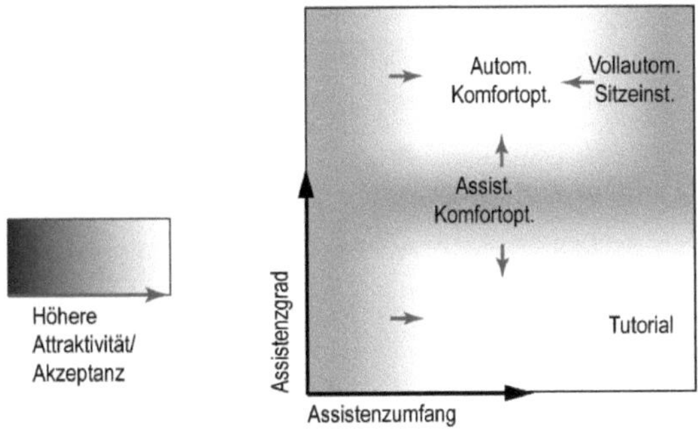

Abbildung 5-4 Einfluss von Assistenzgrad und -Umfang auf Attraktivität und Akzeptanz

Gesamtmodell

Die Einflüsse des Assistenzgrades und -umfangs auf den Diskomfort, die Druckverteilung und Körperhaltung, die Sicherheit und auf die Attraktivität und Akzeptanz werden zu einem Gesamtmodell überlagert, siehe Abbildung 5-5. Assistenzgrad und Assistenzumfang wirken sich unterschiedlich aus. Beide Aspekte müssen bei der Systemauslegung und Systembewertung berücksichtigt werden.

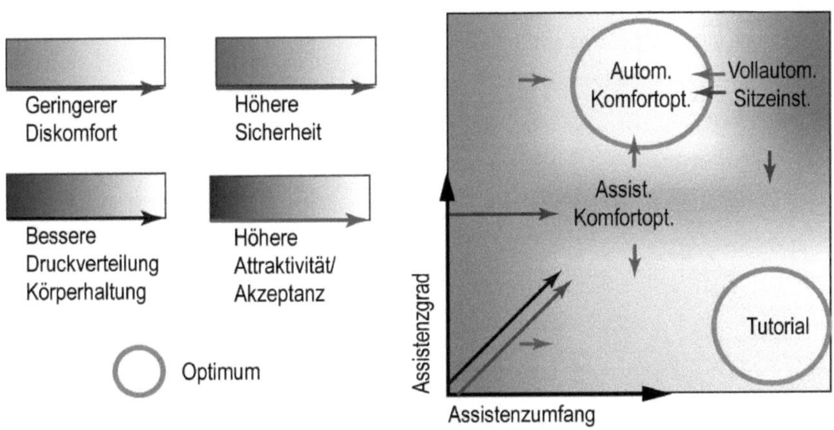

Abbildung 5-5 Modell zum Einfluss von Assistenzgrad und –umfang

Es zeigen sich zwei Bereiche, die jeweils ein lokales Optimum für ein Assistenzsystem zur Sitzeinstellung darstellen. Zum einen eignet sich eine automatisierte Variante mit eingeschränktem Assistenzumfang. In der vorliegenden

Arbeit wurde diese Variante mit der *automatischen Komfortoptimierung* dargestellt. Nach manueller Einstellung der Grundfunktionen der Sitzlängs-, Sitzhöhen- und Lehnenneigungseinstellung erfolgt eine automatische Optimierung der übrigen Sitzfunktionen. Zum anderen zeichnet sich ein erläuterndes Assistenzsystem aus. Das System sollte dabei den vollen Funktionsumfang des Sitzes berücksichtigen. Diese Variante entspricht in der vorliegenden Arbeit dem *Tutorial zur Sitzeinstellung*.

5.2 Realisierungsaufwand

Die untersuchten Varianten für ein Assistenzsystem zur Sitzeinstellung unterscheiden sich nicht nur im Anwendernutzen, sondern auch im Realisierungsaufwand. Für das *Tutorial* ist lediglich eine Videodatei mit der Anleitung in das Multimedia-System zu integrieren. Für eine *automatische* oder eine *assistierte Komfortoptimierung* sind Drucksensoren sowie eine Steuereinheit erforderlich. Die Berechnung und Regelung kann auch von einem entsprechend angepassten Sitzsteuergerät übernommen werden. Eine automatische und eine assistierte Variante unterscheiden sich ausschließlich im Bedienkonzept, der technische Aufwand ist identisch. Eine automatische Kopfstützeneinstellung erfordert Distanzsensorik und eine Steuereinheit. Für die *vollautomatische Sitzeinstellung* sind die Komponenten der automatischen Druckregelung, der automatischen Kopfstützeneinstellung und ein System zur Bestimmung der Anthropometrie nötig. In der Steuereinheit sind weitere Berechnungsschritte sowie eine Matrix zur Ermittlung der Sitzposition aus den Körpermaßen erforderlich. Insbesondere eine fahrzeugintegrierte Bestimmung der Anthropometrie ist mit hohem technischem Aufwand verbunden. Die Genauigkeit und Zuverlässigkeit der Messungen ist stark begrenzt, so dass fehlerhafte Messungen im Serieneinsatz nicht ausgeschlossen werden können.

Ein rein erläuterndes System ist mit sehr geringem technischem Aufwand verbunden und abgesehen vom Speicherplatzbedarf unabhängig vom Assistenzumfang. Eine Erhöhung des Assistenzgrades zu einem assistieren System ist mit einem starken Anstieg des Realisierungsaufwandes verbunden. Im Gegensatz zu ausschließlich erläuternden Systemen steigt der technische Aufwand für automatische und assistierte Assistenzsysteme mit dem abzudeckenden Funktionsumfang. Der Realisierungsaufwand eines assistierten und eines automatischen Assistenzsystems zur Sitzeinstellung unterscheidet sich allerdings nicht, da für eine assistierte Variante ebenfalls ein Sensor- und ein Berechnungssystem erforderlich sind. Die direkte Ansteuerung der Sitzmotoren ist nicht mit wesentlichem Mehraufwand verbunden. Abbildung 5-6 stellt den Realisierungsaufwand in Abhängigkeit des Assistenzgrades und -umfangs dar.

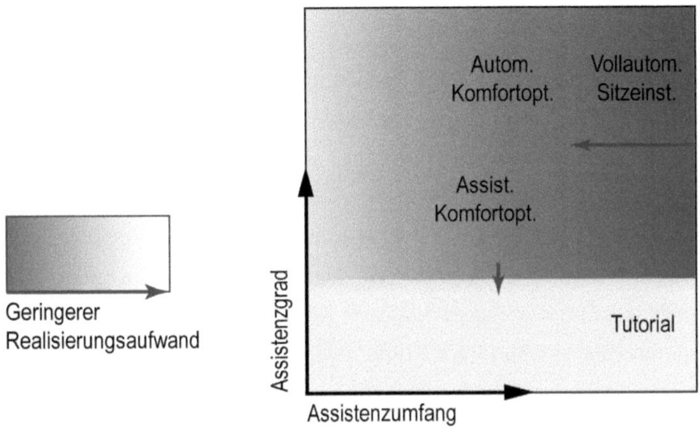

Abbildung 5-6 Realisierungsaufwand in Abhängigkeit von Assistenzgrad und -umfang

6 Empfehlung für ein Assistenzsystem zur Sitzeinstellung

Zwei Varianten eignen sich besonders zur Unterstützung bei der Sitzeinstellung. Ein erläuterndes Assistenzsystem, in der vorliegenden Arbeit dargestellt durch das *Tutorial,* unterstützt den Nutzer und befähigt ihn zu einer optimierten Sitzeinstellung. Eine *automatischen Komfortoptimierung* zeichnet sich insbesondere durch ihr Potenzial zur Verbesserung der objektiven Parameter aus.

Mit einem Tutorial lässt sich eine Optimierung von Körperhaltung, Druckverteilung und Sicherheit realisieren. In audio-visueller Form werden Hinweise und Kriterien für die Einstellung der Sitzeinstellfunktionen angeboten. Das *Tutorial* sollte in das Fahrzeug integriert sein, damit die Hinweise simultan zur Erläuterung umgesetzt werden können. Der Inhalt des *Tutorials* sollte an die Sitzeinstellfunktionen und das Bedienkonzept des konkreten Sitzes angepasst sein und alle vorhandenen Sitzeinstellfunktionen des Sitzes erläutern. Aufgrund der Wechselwirkungen und der gemeinsamen Beeinflussung der Körperhaltung sollte die Einstellung des Lenkrads ebenfalls berücksichtigt sein. Die Reihenfolge sollte so gewählt sein, dass Iterationsschleifen vermieden werden. Ein *Tutorial* beschränkt sich nicht auf elektrisch verstellbare Sitze, sondern ist auch für manuelle Sitze geeignet. Für die Sitzeinstellfunktionen sollten die jeweiligen Bedienelemente angezeigt werden, unabhängig davon, ob es sich um einen manuellen Hebel oder elektrischen Taster handelt. Beinhaltet das Bedienkonzept des Sitzes Auswahlmenüs, so sollten die nötigen Auswahlschritte interaktiv angezeigt werden. Der Fortschritt in der Funktionsabfolge sollte durch den Nutzer gesteuert werden, beispielsweise per Einzelbestätigung. Bei Sitzen mit Speicherfunktion (Memory) sollte das *Tutorial* mit der Erläuterung der Speicherung der vorgenommen Sitzeinstellung abschließen. Ergänzend zu den Sitzeinstellfunktionen können Sonderfunktionen des Sitzes wie Klimatisierung und Massageprogramme erklärt werden. Aufgrund des geringen Realisierungsaufwands und der großen Flexibilität eignet sich ein Tutorial sowohl für einfache Basissitze als auch für funktionsreiche Multikontursitze und Ruhesitzanlagen.

Mit einem Assistenzsystem zur *automatischen Komfortoptimierung* lässt sich die Druckverteilung anhand objektiver Kriterien optimieren. Sowohl hinsichtlich des Nutzens als auch hinsichtlich des Aufwands ist eine Begrenzung des Assistenzumfangs vorteilhaft. Die Sitzlängs-, Sitzhöhen- und Lehneneigungseinstellung sind stark von individuellen Vorlieben abhängig und sollten vom Anwender eingestellt werden. Die übrigen Funktionen lassen sich automatisch einstellen.

Mit Hilfe von Drucksensoren in Sitzfläche und Lehne wird die prozentuale Lastverteilung berechnet. Aus dem Vergleich mit gespeicherten Zielwerten wird die Sitztiefen-, Sitzflächenneigungs-, Lordosen-, Lehnenkopf- und Seitenwangeneinstellung automatisch vorgenommen. Eine Modifikation der Zielwerte anhand einer Fahrerklassifikation hinsichtlich komfortorientieren und sportlichen Fahrens ist vorteilhaft. Für die seitliche Abstützung kann außerdem aus Informationen des Navigationssystems eine Anpassung an das Streckenprofil vorgenommen werden um so für eine kurvige Strecke eine ausgeprägtere Seitenführung zu erzeugen. Zusätzlich zu dem Umfang der Sitzeinstellfunktionen zur Optimierung der Druckverteilung sollte das Assistenzsystem noch die Einstellung der Kopfstütze vornehmen. Eine automatische Einstellung der Kopfstütze trägt zu einer Verbesserung der Sicherheit bei und erhöht zugleich den Bedienkomfort des Sitzes. Die manuelle Einstellung ist dann ausschließlich auf die allgemein bekannten Grundfunktionen beschränkt ist. Für die Einstellung der Grundfunktionen können zur Unterstützung des Nutzers die Erläuterungen des *Tutorials* bereitgestellt werden. Der Nutzer sollte bei allen automatischen Einstellungen die Möglichkeit besitzen, die Einstellung anhand seiner Vorlieben manuell zu korrigieren.

Bei der *automatischen Komfortoptimierung* wird die Körperhaltung durch das System nicht oder nur kaum verändert, die geometrischen Verhältnisse zu den Bedienelementen bleiben konstant. Die *automatische Komfortoptimierung* könnte deshalb möglicherweise während der Fahrt durchgeführt werden. Auf diese Weise könnte sich der Zeitbedarf für die Sitzeinstellung deutlich verkürzen. Außerdem kann eine wiederholte Optimierung bei längeren Fahrten helfen, den Sitz an wechselnde Haltungen anzupassen. Für eine *automatische Komfortoptimierung* während der Fahrt sind die grafischen Rückmeldungen und die Steuerung der Sitzbewegung so zu gestalten, dass keine Ablenkung durch das System entsteht.

Ein Assistenzsystem zur *automatischen Komfortoptimierung* der Sitzeinstellung eignet sich insbesondere für Multikontursitze des Premiumsegments. Neben der Verbesserung des Sitzkomforts vereinfacht es hier die Bedienung und kann sich positiv auf die Wertigkeit des Sitzes auswirken.

7 Zusammenfassung und Ausblick

Sitzkomfort ist in hohem Maße abhängig von der Sitzeinstellung. Eine ungünstige Sitzeinstellung kann zu Diskomfort führen. Ziel der Arbeit war es, den Nutzer mit einem Assistenzsystem bei der Sitzeinstellung zu unterstützen und den Einfluss von Assistenzgrad und Assistenzumfang eines solchen Systems zu untersuchen.

Mit der Einstellung eines Sitzes werden die Körperhaltung des Insassen und die Druckverteilung in den Kontaktflächen beeinflusst. Eine geeignete Körperhaltung kann mit Komfortwinkeln und Menschmodellen prognostiziert werden. Die Druckverteilung lässt sich mit Richtwerten für eine ideale Druckverteilung optimieren. Diese Kriterien bilden die Grundlage für eine objektive Sitzeinstellung. Ein Literaturüberblick zeigt, dass verschiedene Konzepte und Realisierungen für Assistenzsysteme zu einzelnen Teilaspekten der Sitzeinstellung existieren, der ideale Assistenzgrad und Assistenzumfang bisher jedoch nicht untersucht wurde.

Mit einer Analyse der Aufgabe des Sitzeinstellens wurden Möglichkeiten zur Assistenz ermittelt. Vier Varianten wurden ausgewählt und entwickelt. Die *automatische Sitzeinstellung* nimmt eine automatische Optimierung von Körperhaltung, Druckverteilung und Kopfstützeneinstellung vor. Dazu werden zunächst die Körpermaße des Insassen ermittelt. Mit den Körpermaßen wird eine geeignete Körperhaltung prognostiziert und daraus eine Grundeinstellung der Sitzlängs-, Sitzhöhen- und Lehnenneigungseinstellung berechnet. Anschließend wird die Einstellung von Sitztiefe, Sitzflächenneigung, Lehnenkopf, Lordose, Seitenwangen die Druckverteilung anhand der Richtwerte für eine ideale Druckverteilung optimiert. Außerdem wird die Kopfstütze hinsichtlich einer idealen Relativposition eingestellt. Auf diese Weise werden alle Sitzeinstellfunktionen eines modernen Fahrzeugsitzes automatisch optimiert. Bei der *automatischen Komfortoptimierung* erfolgt die Grundeinstellung durch den Nutzer. Der Nutzer wählt damit seine Körperhaltung selbst, die Druckverteilung und die Kopfstützeneinstellung werden durch das System automatisch optimiert. Bei der *assistierten Komfortoptimierung* wird die Druckverteilung ebenfalls vom System bestimmt. Die nötigen Sitzeinstellungen zur Optimierung der Druckverteilung werden jedoch nicht automatisch vorgenommen, sondern dem Nutzer angezeigt. Die Optimierung der Sitzeinstellung wird vom Nutzer anhand der Anzeige umgesetzt. Das *Tutorial* stellt eine interaktive Anleitung zur

Sitzeinstellung dar. Anhand von gezielten Hinweisen wird der Nutzer in die Lage versetzt, selbst eine optimale Einstellung vorzunehmen und so den Sitzkomfort zu verbessern.

Die vier entwickelten Varianten unterscheiden sich in Assistenzgrad und Assistenzumfang. In einem Probandenversuch wurde der Einfluss der Varianten auf Sitzkomfort, Attraktivität und Sicherheit untersucht.

Der Diskomfort der Körperhaltung kann durch ein *Tutorial* reduziert werden. Eine automatische Optimierung der Grundfunktionen hingegen wirkt sich in der *vollautomatischen Sitzeinstellung* negativ auf den Haltungsdiskomfort aus. Ursache sind vor allem eine große Streuung individueller Vorlieben und eine geringe Akzeptanz abweichender Körperhaltungen. Weicht die automatische Einstellung in einer der Grundfunktionen, beispielsweise in der Längseinstellung, von den Erwartungen des Nutzers ab, so ist die Akzeptanz des Gesamtsystems gering oder nicht vorhanden - unabhängig von objektiven Vorteilen. Die Druckverteilung der Sitzfläche wird durch ein *Tutorial* objektiv verbessert. Die drei sensorgestützten Varianten *vollautomatische Sitzeinstellung*, *assistierte* und *automatische Komfortoptimierung* können eine ideale Druckverteilung erzeugen. Der Gesamtdiskomfort wird mit einem *Tutorial* und einer *Komfortoptimierung* verbessert. Eine *assistierte Komfortoptimierung* wird aufgrund der komplexeren Bedienung hinsichtlich der pragmatischen Qualität schlechter bewertet und eignet sich aufgrund von möglichen Verständnisproblemen nicht für ein Assistenzsystem zur Sitzeinstellung. Die Sicherheit des Insassen wird von allen Varianten des Assistenzsystems zur Sitzeinstellung verbessert. Das Submarining-Risiko und das Whiplash-Risiko werden gesenkt.

Anhand der Ergebnisse zu den entwickelten Assistenzsystemen wurde ein Modell zum Einfluss von Assistenzgrad und Assistenzumfang auf den Diskomfort, die Druckverteilung und Körperhaltung, die Akzeptanz und Attraktivität sowie auf die Sicherheit entwickelt. Außerdem wurde der Realisierungsaufwand der Systeme bewertet. Im Modell können zwei Bereiche identifiziert werden, die sich für ein Assistenzsystem zur Sitzeinstellung eignen.

Ein *Tutorial* unterstützt den Nutzer mit Hinweisen und befähigt ihn zu einer hinsichtlich Sitzkomfort und Sicherheit besseren Sitzeinstellung. Der Realisierungsaufwand ist gering. Mit einer *automatischen Komfortoptimierung* kann der Sitzkomfort und die Sicherheit nach manueller Grundeinstellung des Nutzers automatisch optimiert werden. Dabei wird insbesondere eine objektive Verbesserung der Druckverteilung erzielt.

Der nächste Schritt für ein *Tutorial* zur Sitzeinstellung und eine *automatische Komfortoptimierung* ist die Integration in den Serieneinsatz. Als Entwicklungsperspektive ist die Erweiterung des Assistenzumfangs über die Sitzeinstellung hinaus auf weitere Dimensionen des Sitzkomforts zu sehen.

In der vorliegenden Arbeit wurde der Automatisierungsgrad der Assistenzsysteme zur Sitzeinstellung hinsichtlich Assistenzgrad und Assistenzumfang getrennt betrachtet. Dabei zeigten sich für diese beiden Aspekte unterschiedliche Einflüsse auf die untersuchten Parameter. Diese Betrachtungsweise kann auf andere Bereiche für Assistenzsysteme übertragen werden. Beispielsweise könnten auch Fahrerassistenzsysteme differenziert nach Assistenzgrad und Assistenzumfang untersucht werden.

Literaturverzeichnis

BALZULAT, J.: Ein holistischer Versuchsansatz zum Sitzverhalten. Technische Universität München, Fakultät für Maschinenwesen, Dissertation, 2000

BORTZ, J.: Statistik für Human- und Sozialwissenschaftler, 6. Auflage. Heidelberg : Springer, 2005

CORLETT, E. N.; BISHOP R. P.: A technique for measuring postural discomfort. In: Ergonomics (1976), 9, pp. 175-182

DE LOOZE, M. P.; KULITEVERS, L. F. M.; VAN DIEEN, J.: Sitting comfort and discomfort and the relationships with objective measures. In: Ergonomics (August 2003), Vol. 46, No. 10, Seite 985 – 997

DEUTSCHER, C.: Bewegungsablauf von Fahrzeuginsassen beim Heckaufprall, In: Manuelle Medizin (1999), No. 5, Berlin, Springer, 1999

DIEMER, F.; SUTOR, V.: Praxis der medizintechnischen Trainingstherapie II, Stuttgart, Georg Thieme, 2010

DIN 33408: Norm DIN 33408, 1981, Körperumrißschablonen

DIN 33402: Norm DIN 33402, 2005-12, Ergonomie - Körpermaße des Menschen

DUPIUS, H.: Erkenntnisstand zur Beurteilung der Körperhaltung bei der Fahrzeugführung im Sitzen, Auftragsstudie für das Bundesamt für Wehrtechnik und Beschaffung, Bericht Nr. 21, 1983

EBE, K.; GRIFFIN, M. J.: Qualitative models of seat discomfort including static and dynamic factors. In: Ergonomics (2000), Vol. 43, No. 6, pp. 771-790

EBE, K.; GRIFFIN, M. J.: Factors affecting static seat cushion comfort, In: Ergonomics (2001), Vol. 44, No. 10, pp. 901-921

ESNOUF, A.; PORTER, M.: Old methods new chairs. Evaluating six of the latest ergonomics chairs for the modern office. In: Hanson (Hrsg.): Contemporary Ergonomics, Taylor & Friends, pp. 140-144, 1998

ESTERMANN, S.: Komfortmodellierung für den 3D-Softdummy RAMSIS unter realen Fahrbedingungen, Technische Universität München, Fakultät für Maschinenwesen, Dissertation, 1999

ETHERINGTON, J.: Mensch-Maschine-Schnittstelle für einen Assistenten zur Autositzeinstellung, Technische Universität München, Lehrstuhl für Ergonomie, Masterarbeit, 2008

FRANZ, M.: Comfort, experience, physiology and car seat innovation : Theory, Design and Validation, TU-Delft, Dissertation, 2010

FRÖHMEL, C.: Validierung des RAMSIS-Krafthaltungsmodells, Technische Universität München, Fakultät für Maschinenwesen, Dissertation, 2010

GEUß, H.: Entwicklung eines anthropometrischen Meßverfahrens für das CAD-Menschmodell RAMSIS, Technische Universität München, Fakultät für Maschinenwesen, Dissertation, 1993

GROSS, C.M.; GOONETILFEKE, R.S.; MENON, K.K.; BANAAG, J.C.N.; NAIR, C.M.: The biomechanical assessment and prediction of seat comfort', In: Hard Facts and Soft Machines: The Ergonomics of Seating, Taylor & Francis, London, 1994

GÜNZKOFER, F.: Ermittlung der Beinlänge des Fahrzeuginsassen bei sensorgesteuerter Sitzeinstellung, Technische Universität München, Lehrstuhl für Ergonomie, Diplomarbeit, 2008

HAKULI, S.; BRUDER, R.; FLEMISCH, F. O.; LÖPER, C.; RAUSCH, H.; SCHREIBER, M.; WINNER, H.: Kooperative Automation, In: WINNER, H.; HAKULI, S.; WOLF, G. (Hrsg.): Handbuch Fahrerassistenzsysteme : Grundlagen Komponenten und Systeme für aktive Sicherheit und Komfort, Vieweg+Teubner, Wiesbaden, 2009

HARTUNG, J.: Objektivierung des statischen Sitzkomforts auf Fahrzeugsitzen durch die Kontaktkräfte zwischen Mensch und Sitz, Technische Universität München, Fakultät für Maschinenwesen, Dissertation, 2006

HASENZAHL, M.; BURMESTER, M.; KOLLER, F.: AttrakDiff: Ein Fragebogen zur Messung wahrgenommener hedonischer und pragmatischer Qualität. In: Ziegler, J., Szwillus G.: Mensch & Computer 2003, Interaktion in Bewegung, S. 187.196, B. G. Teubner : Stuttgart, 2003

HdE: Schmidtke (Hrsg.), Handbuch der Ergonomie, Bundesamt für Wehrtechnik und Beschaffung, Hanser-Verlag, 1989

HELANDER, M. G.; ZHANG, L.: Field studies of comfort and discomfort in sitting. In: Ergonomics (1997), Vol. 40, No. 9, pp. 895-915

HUBER, G.: Optimierung eines sitzintegrierten Druckmesssystems zur Komfortoptimierung durch einen Sitzeinstellassistenten, Technische Universität München, Lehrstuhl für Ergonomie, Diplomarbeit, 2009

KAHLMEIER, W.; MAREK, C.: Gerne Groß. In: Der neue Ford Mondeo. ATZ/MTZ-Sonderausgabe Oktober 2000, Van Basshuysen R. (Hrsg.), Wiesbaden, Friedrich Vieweg & Sohn Verlagsgesellschaft 2000

KOLICH, M.: A conceptual framework proposed to formalize the scientific investigation of automobile seat comfort, In: Applied Ergonomics (2008), No. 39, pp. 15-27

KOLICH, M.; TABOUN, S.: Ergonomics modelling and evaluation of automobile seat comfort, In: Ergonomics (2004), Vol. 47, No. 8, pp. 841 – 863

KRAMER, F.: Passive Sicherheit von Kraftfahrzeugen Biomechanik – Simulation – Sicherheit im Entwicklungsprozess, Wiesbaden, Vieweg und Teubner, 2009

KREMSER, F.: Entwicklung eines sitzintegrierten Druckmesssystems zur Komfortoptimierung durch einen Sitzeinstellassistenten, Technische Universität München, Lehrstuhl für Ergonomie, Diplomarbeit, 2009

KRIST, R.: Modellierung des Sitzkomforts – eine experimentelle Studie, Katholische Universität Eichstätt, Philosophisch-Pädagogische Fakultät, Dissertation, 1993

KYUNG, G.; NUSSBAUM, M. A.: Driver sitting comfort and discomfort (part II): Relationships with and prediction from interface pressure, In: Industrial Ergonomics (2008), 38, pp. 526-538

LAUTERBACH, S.: Einfluss von Assistenzsystemen zur Sitzeinstellung im Fahrzeug auf Körperhaltung und Diskomfort, Technische Universität München, Lehrstuhl für Ergonomie, Diplomarbeit, 2010

LIANG, C., BALCI, R., VERTIZ, A.: Safety belt fit, comfort and contact pressure based on upper anchorage location and seat back angle, In: SAE technical paper series, 2003-01-0954, Detroit, 2003

LORENZ, S.; LÖCHERER, A.; JOCHMANN, M.; SCHWALD, S.; MERGL, C.; BUBB, H.: Objektivierung des Tragekomforts von Sicherheitsgurten. In: 56. Kongress der Gesellschaft für Arbeitswissenschaft GfA (März 2010), GfA-Press, Dortmund, pp. 115-118

MARACH, A.: CAD-fähiges Prognosemodell für statische Körperhaltungen des Menschen, Technische Universität München, Fakultät für Maschinenwesen, Dissertation, 1999

MERGL, C.: Entwicklung eines Verfahrens zur Optimierung des Sitzkomforts auf Automobilsitzen, Technische Universität München, Fakultät für Maschinenwesen, Dissertation, 2006

MERGL, C.; KLENDAUER, M.; MANGEN, C.; BUBB, H.: Predicting long term riding comfort in cars by contact forces between human and seat, SAE (2005), No. 2005-01-2690

MERGL, C.: Development of seating comfort at Audi, In: IQPC : Innovative Seating, 2009

MILIVOJEVICH, A.; STANCIU, R.; RUSS, A.; BLAIR, G.R.; HEUMEN, J.D.: Investigating Psychometric and Body Pressure Distribution Responses to Automotive Seating Comfort, In: SAE Conference (2000), SAE No. 2000-01-0626

MUSER, M. H., WALZ, F., ZELLMER, H.: Biomechanical Significance of the rebpund phase in low speed rear end impacts, Working group on accident Mechanics, University/ETH Zürich, 2000

NACHEMSON, A.: The load on lumbar disks in different positions of the body, In: Clinical Orthopaedics and Related Research (1966), 45, pp. 107-122

NG, D.; CASSAR, T.; GROSS C. M.: Evaluation of an intelligent seat system, In: Applied Ergonomics (1995), 26 (2), pp. 109-116

OUDENHUIJZEN A., TAN K., MORSCH F.: The relationship between seat pressure and comfort. SAE Paper No. 2003-01-2213, 2003

PARASURAMAN, R.; SHERIDAN, T. B.; WICKENS, D.: A Model for Types and Levels of Human Interaction with Automation, IEEE Transactions on Systems, Man, and Cybernatics – Part A: Systems and Humand, Vol. 30, No. 3, May 2000

REBIFFÉ, R.: Le Siége du Conducteur: Son Adaption Aux Exigences Fonctionelles et Anthropometriques, In: Ergonomics (1969), Vol. 12, No. 2

REED, M., MANARY, M. A., FLANNAGAN, C.A.C., Schneider L.W.: A Statistical Method for Predicting Automobile Driving Posture, In: HUMAN FACTORS (Winter 2002), Vol. 44, No. 4, pp. 557-568

SABBAH, O.: Entwicklung eines dynamischen Diskomfortmodells am Beispiel des Ein- und Ausstiegs, Technische Universität München, Fakultät für Maschinenwesen, Dissertation, 2010

SACHER, H.: Gesamtheitliche Analyse des Bedienverhaltens von Fahrzeugfunktionen in der täglichen Nutzung, Technische Universität München, Fakultät für Maschinenwesen, Dissertation, 2008

SATO, K.; KIKUCHI, S.; YONEZAWA, T.: In vivo intradiscal pressure measurement in healthy individuals and in patients with ongoing back problems, In: SPINE (1999), Vol. 24 (23), pp. 68-74

SEIDL, A.: Das Menschmodell RAMSIS : Analyse, Synthese und Simulation dreidimensionaler Körperhaltungen des Menschen, Technische Universität München, Fakultät für Maschinenwesen, Dissertation, 1994

SCHMITT, K.-U.; NIEDERER; P. F.; MUSER, M. H.; WALZ, F.: Trauma-Biomechanik : Verletzungen in Straßenverkehr und Sport, Berlin, Springer, 2010

SHEN W.; GALER I.A.R.: Development of a pressure related assessment model of seating discomfort. Proceedings of the human factors and ergonomics society 37th annual meeting (1993), pp. 831-835

SHEN W.; PARSONS K.C.: Validity and reliability of rating scales for seated pressure discomfort, In: Int. Journal of Industrial Ergonomics (1997), 20, pp. 441-461

SHERIDAN, T.B.: Toward a General Model of Supervisory Control. In: SHERIDAN, T.B., JOHCOMSEN, G. (Hrsg.), Monitoring Behaviour and Supervisory Control, New York, 1976

STUMBAUM, F.: Experimentelle Untersuchung und mathematische Simulation der Sitzhaltung auf Arbeitsstühlen, Technische Universität München, Fakultät für Maschinenwesen, Dissertation, 1983

TREFFLICH, B.: Videogestützte Überwachung der Fahreraufmerksamkeit und Adaption von Fahrerassistenzsystemen, Technischen Universität Ilmenau, Fakultät für Informatik und Automatisierung, Dissertation, 2010

TROBORG, U.: Untersuchung von personenabhängigen Einflussfaktoren auf die Sitzeinstellung im PKW, Technische Universität München, Lehrstuhl für Ergonomie, Kandidatarbeit, 2008

WALLENTOWITZ, H.: Aufbau von Kraftfahrzeugen, IKA, RWTH Aachen, 1995

WALZ, F.: Das Schleudertrauma der Halswirbelsäule im Straßenverkehr: Biomechanische und gutachterliche Aspekte, In: Medizinisches Wochenschreiben Schweiz (1987), No. 117

WILKE HJ.; NEEF P.; CAIMI M.; HOOGLAND T.; CLAES: New in vivo measurements of pressures in the intervertebral disc in daily life. In: Spine (1999), 24: 755-762

ZENK, R.: Objektivierung des Sitzkomforts und dessen automatische Anpassung, Technische Universität München, Fakultät für Maschinenwesen, Dissertation, 2008

ZENK, R.; FRANZ, M.; BUBB, H.: Spine load in the context of automotive seating, In: SAE Digital Human Modeling Conference (2007), SAE No. 2007-01-2485

ZHANG, L.; HELANDER, M.G.; DRURY, C. G.: Identifying Factors of comfort and discomfort in sitting. In: Human Factors (1996), Vol. 38, No. 3, pp. 377-389

Schutzrechte

DE 102004013598 A1: Schutzrecht DE 102004013598 A1 (6.10.2005), Bothe, H.-D., Trinh, H., Freienstein, H., Engelsberg, T., Schedler, C., Robert Bosch GmbH. Pr.: DE 102004013598 19.3.2004. - Offenlegungsschrift, Internationale Anmeldenummer PCT/EP20005/050103, Internationale Veröffentlichungsnummer WO 2005/090118, US 2008/0246318, Vorrichtung zur Einstellung von Sitzkomponenten

DE 102004062084 B3: Schutzrecht DE 102004062084 B3 (1.6.2006), Mader, W., Audi AG. Pr. DE 102004062084 23.12.2004. - Vorrichtung zur selbsttätigen Anpassung eines Sitzes an den Fahrer eines Kraftfahrzeuges

DE 102007053119 A1: Schutzrecht DE 102007053119 A1 (14.5.2009), Zenk, R., Franz, M., Durt, A., Bayerische Motoren Werke Aktiengesellschaft, Pr. DE 102007053119 8.11.2007. - Offenlegungsschrift, Verfahren und Vorrichtung zum Einstelen eines Sitzes

DE 19522897 C2: Schutzrecht DE 19522897 C2 (9.1.1997): Daimler-Benz Aktiengesellschaft, Schmidt, B., Beninga, G., Claar, K., Pr. DE 19522897 23.6.1995 – Einstellbarer Sitz, insbesondere in einem Fahrzeug

DE 19605779 C2: Schutzrecht DE 19605779 C2 (18.7.1996), Audi AG, Pr. DE 19605779 16.2.1996. – Fahrzeugsitz mit verstellbaren Sitz- und Lehnenwangen

DE 19644376 A1: Schutzrecht DE 19644376 A1 (30.4.1998), Bayerische Motoren Werke Aktiengesellschaft, Pr. DE 19644376 25.10.1996. - Offenlegungsschrift, Verstellvorrichtung für einen Fahrzeugsitz

DE 19649149 B4: Schutzrecht DE 19649149 B4 (28.5.1998), Wagner, P.-O., Bayerische Motoren Werke Aktiengesellschaft, Pr. DE 19649149 27.11.1996. - Verfahren zum Einstellen einer Fahrzeugsitzkomponente

DE 19851698 A1: Schutzrecht DE 19851698 A1 (11.5.2000), Willmann, K.-H., Schramm, D. Behrens, S., Schmitt, M., Schirmer, J., Robert Bosch GmbH, Pr. DE 19851698 10.11.1998. - Vorrichtung und Verfahren zur Einstellung eines Fahrzeugsitzes

DE 19937378 C1: Schutzrecht DE 19937378 C1 (6.7.2000), Reitter, C., DaimerChrysler AG, Pr. DE 19937378 7.8.1999. - Fahrzeugsitz

DE 20016770 U1: Schutzrecht DE 20016770 U1 (21.3.2002), Johnson Controls GmbH, Pr. DE 20016770 28.9.2000. -Gebrauchsmusterschrift, Steuereinrichtung für einen motorisch verstellbaren Sitz

DE 2640528 C3: Schutzrecht DE 2640528 C3 (16.3.1978), Cremer, H.P, Keiper Automobiltechnik GmbH & Co KG, Pr. DE 2640528 9.9.1976. - Verstellbarer Fahrzeugsitz

EP 1261505 B1: Schutzrecht EP 1261505 B1 (2.1.2008), Ertl, L., Köhler, t., Zittlau, D., Siemens VDO Automotive AG, Pr. DE 10010234 2.3.2000. - Internationale Anmeldenummer PCT/DE2001/000294, Internationale Veröffentlichungsnummer WO

2001/064468, Verfahren und System zum Einstellen von für die Benutzung eines Kraftfahrzeugs relevanten Parametern

US 5748473: Schutzrecht US 5748473 A (5.5.1998), Breed, D. S., Wilbur, E., Automotive Technoligies International Inc., Pr. 474784 7.7.1995. - automotic vehicle seat adjuster

US 5170364: Schutzrecht US 5170364 (8.12.1992), Gross, C. M., Banaag, J., Goonetilleke, R., Nair, C., Biomechanics Corporation of America, Pr. 623220 6.12.1990. - feedback system for load bearing surface

US 5283735: Schutzrecht US 5283735 (1.2.1994), Gross, C. M., Banaag, J., Goonetilleke, R., Nair, C., Biomechanics Corporation of America, Pr. 986094 4.12.1992. - feedback system for load bearing surface

WO 2008099270 A3: Schutzrecht WO 2008099270 A3 (21.8.2008), Toyota Jidosha Kabushiki Kaisha, Pr. JP 2007-034627 15.2.2007. - International Publication, vehicular seat operation device and vehicular seat operation method

WO 20060994428 A3: Schutzrecht WO 20060994428 A3 (21.9.2006), Barker, S., Sakjas, H., Performance Driving Position LLP, Pr. US 11/080073 14.3.2005. - International Publication, system and method for positioning a vehicular operator

Anhang A

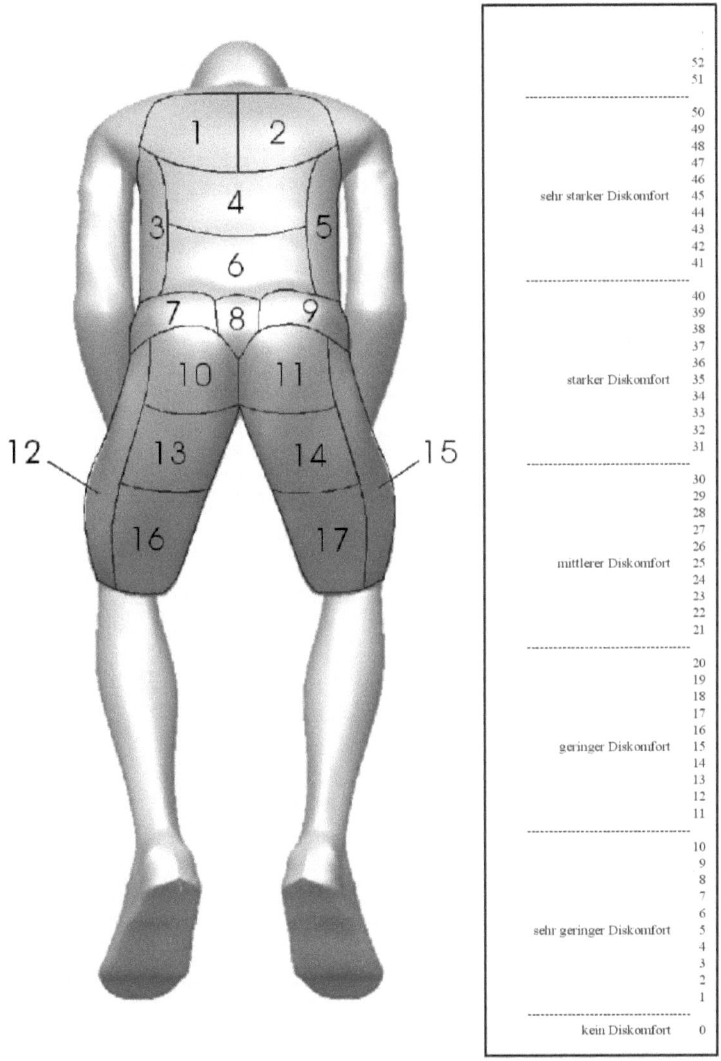

Abbildung Anhang A: Bodymap und CP-50 Skala (Hartung, 2006)

Anhang B

Tabelle Anhang B: RAMSIS-Restriktionen der Haltungssimulation

Fixierte Punkte (Targets):	
H-Punkt	In Sitzebene
Rechter Fußballen (FUR0706)	Auf der Mittellinie des ungetretenen Gaspedals
Linker Fußballen hinten Mitte (FUL0706)	Auf der Mittellinie der Fußablage
Linke Ferse (FUL0105)	Auf der Fersablage
Rechte Ferse (FUR0105)	Auf der Fersablage)
Augpunkt (mid eye)	Auf Gerade z=961
Hände (MG1L0002, MG1R0004)	Am Lenkrad
Mindestabstände (Limit Surface):	
Knie (USL0101, USR0101)	Abstand zur Instrumententafel >30 mm
Richtung:	
Blickrichtung (line of vision)	Parallel zur x-Achse